设计不是你以为
年轻设计师的思维必修课

刘照博　著

辽宁科学技术出版社
·沈阳·

序一
Foreword 1

为图书写序，在当下是件相对稀缺的事情。我看书的时间远远少于看手机的，而我此时也是在电脑屏幕和键盘的帮助下完成写作的。"我永远不会对着屏幕思考"，是一位著名设计师说的，言语间流露出对纸和笔的眷恋；而全然忘却了他其实是电脑绘画的高手。

现实终究是现实，我正在对着屏幕思考。尽管无法得到用手中的笔去触碰额头的体验感，但我的大脑正在思考，如何在完成照博兄的序言作业和读者的阅读感之间的平衡。这何尝不是一种设计呢？

室内设计历史不长，但在中国的发展最快。远远超出了"建筑设计的延伸"的范畴。有一种说法：室内设计师是当下最全面的职业，绝对的全能新物种。因为室内设计已经成为连接全设计领域的集成学科。其实早在 20 年前，美国学者史坦利·亚伯克隆比就对室内设计师定义："商人和艺术家，精通建筑规范、安全规范、防火、环境问题、人体工程学、空间设计以及其他渊博知识的行家里手"。

因此，在众多的设计类图书中，本书的突出价值在于，不纠缠设计的专业技术，突出设计思维和应用层面。书中对商业思维和商业逻辑的关注，对应了史坦利说设计师首先是商人的观点。我在很多章节都能读出"钱的味道"。

对于刚刚步入设计行业的初学者，研习专业技术仍为"主菜"；本书权做美味的"下午茶"。对于在室内设计圈徘徊多时而进步乏力的公司和个人，本书有着教科书一般的精彩。

聚向传媒董事长 / 美国《室内设计》中文版出版人　赵虎
2021 年 4 月 5 日

序二
Foreword 2

本书是我最近读到的一本很特别的关于设计的书，书的作者显然是设计师出身，但又明显有别于一般设计师给人的印象，因为本书既没有教导你如何做平面布局，也没有和你谈什么是风格和色彩，而是从商业的本质出发层层剖析，以逻辑的方式一步一步揭示设计的本质，这是很多设计师在思维认知上比较容易忽略的。

如果说以前我们赚钱靠的是机遇差、资源差、经验差、信息差，那么当下这个时代已经进入认知差时代，我们不可能赚到超出我们认知范围以外的钱，即使你侥幸赚到不属于你认知范围的钱，在后面也会还回去。所以认知提升 1 倍，收入提升 10 倍，说的就是这个意思.

什么是设计的本质，是每位设计师需要认真思考的问题，本质往往是一对矛盾，在理想与现实之间寻求解决差距的方案，就是本质。从第一原理出发，破除固有思维，即你以为，重新定义问题的边界，从而推演出更优的解决问题的方案，这才是创新与创意的本质。本书作者以轻松幽默的笔法深入浅出地讲述了这个道理，并针对设计师日常行为给出一系列可供参考的方法论，比如：人设、定位、谈单等，对设计师的实践具有很高的借鉴价值。

本书的一些重点内容，如商业逻辑、战略、思维方式等，看起来离设计师的日常画图较远，但这些正是本书的价值所在，正如我前面提到的，认知差是当下的最重要的红利，我们应该从我们的客户需求、从商业的本质中反思我们的设计行为，这样我们和设计的本质、成功才会更接近。很高兴看到现在关于设计思维的话题越来越受到设计师的关注，尤其是对年轻的设计师的影响深刻。一切从认知升级开始，假设验证，如科学实验一般做设计，逻辑严谨的计划加上坚定的执行等于卓越。相信你会获益于此。

建 E 室内设计网创始人　陆晏
2021 年 3 月 12 日　南京

前言
Foreword

室内设计师是一个复杂的职业，也是一个复杂的群体。

说职业复杂是因为作为室内设计师：需要良好的美学表达能力，包括素描、色彩、速写、手绘效果图绘制、模型制作能力；需要熟练的电脑操作能力，包括 autoCAD、3d Max、VRay、SketchUp、Sketchbook 和 Photoshop 等软件的操作；需要掌握室内设计基础，包括平面构成、立体构成、色彩构成；需要扎实的设计理论，包括中外建筑史、各时期的设计风格、人体工程学、色彩心理学、空间规划等；甚至还包括一些周边学科，电工、基础应用力学、心理学、哲学（包括逻辑学）、预算学、公共关系学等边缘学科的基础知识；施工基础，包括木工、泥水、给排水、电工、油漆的基础知识；还有工程预算……

室内设计师活得并不容易，需要很大的努力和艰辛的付出，才能配得上"师"这个字。

说群体复杂是因为这个群体，行业细分程度越来越高：有硬装、陈设设计师；有工装、私宅设计师；有基装、套装公司设计师；有智能、灯光设计师；有家具设计师；有全屋定制设计师；有造园林师……

在所有带"师"字的职业里，比较不被尊重的是这个群体。教师、律师、会计师、建筑师、医师、厨师……都获得了社会阶层很大的尊重。为什么室内设计师得到的尊重程度不太高呢？究其根本，因为这个职业太入世：通俗，太接地气，具备完整的信息对称性，而在社会中，信息对称程度越高的职业，越得不到尊重。

举个例子，当你去菜市场买菜，可以跟卖菜大姨砍砍价，让她给你抹了 3 毛钱的零头，理由是旁边摊位一样的菜比她的便宜。在这个情景当中，信息是完全对称的。假使你到了医院，医生给你开了一堆检查项目，需要交纳不菲的费用。你还能和医院砍价什么？不能。因为信息不对称，虽然身体是你的，但你对所有身体出的问题几乎一无所知，所有信息都掌握在对方手中。你只能乖乖地排队交钱，然后安静地躺在 X 光台上，老老实实地听指挥。等拿到检查结果也丝毫不敢怠慢，虽然上面的字都认识，但很多专业名词完全不懂，还得再次排队去询问医生，哪怕医生告诉你"没事，回家歇两天就好了，不用开药了"。你都会心怀感激，走之前不忘说声"谢谢啊"！这就是信息不对称的力量。

在信息不对称的行业中，客户不会对服务过程品头论足，指手画脚。在信息对称的行业里，客户是忍不住的，哪怕他根本不知道强弱电是什么意思，他依然可以用在抖音上现学的"防坑指南"来界定你是否在忽悠他。

室内设计师的痛苦，一半来自解决专业问题，一半来自解决沟通问题。

室内设计师从小白到真正能执业，一般要经历 3 年左右时间，这个阶段是极其艰难的，先要从助理干起，干的是打杂的"苦力"活，收入还非常微薄。需要有坚忍和毅力才能熬过这个阶段，成为真正的入门室内设计师。在此基础上，还得保持持续成长和不断进阶，因为室内设计行业几乎每时每刻都在更新，新的风格、新的流行色、新的材料和新的思潮不断出现，迭代速度非常快，稍有放松就会被更年轻的从业者拍在沙滩上。所以室内设计师群体在繁重的工作之余还要经常学习充电，避免因重复劳动产生的惯性思维束缚自我。

在专业能力不断锤炼的同时，还要遭到甲方爸爸的反复锤炼，不断要提升沟通能力，并且还要自修心理学知识，期望能在客户洽谈中提高签单成功率。

"身心疲惫是标配，情怀初心不浪费。"
"客户虐我千百遍，我待客户如初恋。"
…………

我做设计教育工作至今已有近 20 年的时间，在这个过程中，已经培养了超过 2000 位室内设计师。我也从事室内设计工作，陆陆续续地完成了许多项目，拿了很多设计大奖。近年来又同时负责运营室内设计协会和组织，频繁对接国内外设计界的大咖，对于不同段位室内设计师的酸甜苦辣和室内设计师的成长进阶深有感触。我写这本书的初衷，是为了将这些年在不同领域耕耘过程中对室内设计师这一职业的体会和感悟做一个总结和梳理，让室内设计师，尤其是年轻设计师，通过阅读本书能够升级思维方式，构建设计观；帮助年轻设计师快速成长，突出重围；不被低效事件拖垮；精准定位自己，明确成长方向，不陷入选择困难；学会筛选客户，管理设计，把时间卖出高价值。

希望通过本书，大家从用力做设计变成用脑做设计，从做好的设计变成做对的设计。

刘照博

目录
Contents

●第一课 设计中的商业思维 013 设计中的商业思维 / 设计的目的和意义 / 如何解决赚钱的问题 / 马斯洛老人家说了什么 / 哈兰德上校和双尾美人鱼的秘密 / 赚快钱，赚慢钱，都要赚 ●第二课 不做好设计，要做对设计 033 不做好设计，要做对设计 / 给谁做设计 / 需求有层次 / 显性隐性大不同 / 痛点有多痛 / 痛点的细分 ●第三课 设计师的商业逻辑 051 设计师的商业逻辑 / 这就是商业逻辑 / 把时间卖成金钱 / 怎样卖出高价钱 / 产品思维要养成 ●第四课 装是件重要的事 073 装是件重要的事 / 装的意义 /IP 有支点 /IP 打造需实力 / 装的要求 ●第五课 签单有套路， "老司机" 来带路 095 签单有套路， "老司机"来带路 / 搞懂签单这个事 / 签单是如何发生的 / 影响签单的因素 / 客户到底在想啥 / 怎样让客户听话 ●第六课 甲方是爸爸？ 119 甲方是爸爸？ No！要做甲方的爸爸 / 甲方为啥不听话 / 话语权如何主导 / 想让甲方听话，你得有套路 / 套路加实力，才能当爸爸 ●第七课 朋友圈人设建立方法 139 朋友圈人设 / 圈里人设的意义 / 打造的着力点 / 有些东西不要发 / 有些东西可多发 / 打造人设的重点 / 朋友圈内容占比很重要 ●第八课 天下设计一大抄？ 我来教你怎么抄 163 天下设计一大抄？ / 照抄照搬山寨，设计师≠复印机 / 抄的正确理解 / 抄的正确姿势 / 大师也在抄 ●第九课 好设计会讲故事 197 好设计会讲故事 / 为啥我们都爱听故事 / 设计中的讲故事 / 故事该如何讲 / 让方案自己讲故事 / 提报方案时的故事性表达 ●第十课 设计师必经迷茫期，有解药吗？ 221 迷茫期有解药吗？ / 向内认知：我是谁？ / 我是个啥颜色的人 / 向外行走：我要成为谁？ / 想成长要讲战略 / 突破重复劳动的陷阱 / 给几个建议，好好听 ●第十一课 我是谁，要去哪？ 245 我是谁，要去哪？ / 我是谁，我能干啥？ / 定位的意义 / 定好位的操作 / 定位的核心奥义 / 如何确定我的方向 ●第十二课 想赚高设计费？先让自己高价值 263 想赚高设计费？先让自己高价值 / 设计为啥要收费？ / 设计师还有成本？ / 设计费高低的关键 / 如何让自己变得更值钱 ●第十三课 做能带货的设计师 279 做能带货的设计师 / 什么是带货 / 带货的意义 / 为啥要带货 / 带货的方法 / 带货的思考 ●第十四课 设计师应该重视的心理学按钮 291 设计师的心理学按钮 / 父爱算法与母爱算法 / 二八法则 / 损失厌恶 / 熵增定律 / 知识的诅咒 / 峰终定律 / 马太效应 ●第十五课 设计之外 329 设计观与设计之外 / 认知力与理解力 / 洞察力 / 非线性思维 / 商业思维 / 功夫在诗外 ●第十六课 情怀到底有啥用？ 351 情怀到底有啥用？ / 无情怀不设计 / 无理性无支撑 / 同理心的内涵 / 如何增强同理心

▼
第一课

设计中的商业思维

设计的目的和意义

如何解决赚钱的问题

马斯洛老人家说了什么

哈兰德上校和双尾美人鱼的秘密

赚快钱，赚慢钱，都要赚

——

设计中的商业思维

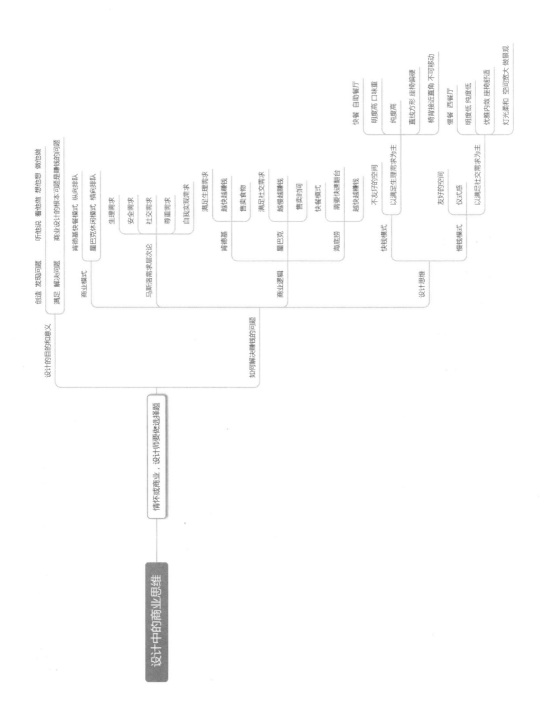

设计师的任务就是借助本身的直觉能力，
去发掘与构筑世界的新价值，
并予以视觉化。

设计本身是一个宽泛的概念，导致很多从业者对设计本质的理解差异颇大。有人说，设计是设想与计划，是想象与执行。

有人说设计就是设了个计，有构思的预谋。

这些说法听起来挺玄乎，但细品又好像都有道理。但是这个问题如果理不清，便不会有清晰的目标，在具体工作中会陷入盲目低效的状态。许多从业多年的"老设计"为何在进阶道路上步履维艰很难突破，就是因为他们对设计本质的理解有偏差导致的，在这一课中我们将试图结合具体案例，用最简单的方式阐明设计本质。

首先问你一个问题：有一个客户，要做一个商业空间，他问你，在设计这个商业空间的时候，第一步应该考虑的是什么呢？如果在甲方充分配合且预算充裕的情况下，你首先考虑的是业态定位还是传递的文化，是炫目的效果还是施工便捷度，是工程预算还是空间利用率呢？

带着对这个问题的思考，我们来开启思维进阶之旅。

我们先来梳理一下设计的目的和意义是什么。课本上对设计的定义是这样的：设计，指设计师有目标有计划地进行技术性的创作与创意活动。设计

发现问题，
解决问题。

的任务不只是为生活和商业服务，同时也伴有艺术性的创作。室内设计是根据建筑物的使用性质、所处环境和相应标准，运用物质技术手段和建筑设计原理，创造和满足人们物质和精神生活需要的室内环境。这段话里有两个关键词：创造、满足。我们需要思考的是设计在创造什么和满足什么。这是值得每位设计师深刻思考的课题。

这样我们就明确了设计师的职责是什么，我们一定是创造者和满足者。我很喜欢的一句话是这样说的：设计师的任务就是借助本身的直觉能力，去发掘与构筑世界的新价值，并予以视觉化。发掘与构筑就是创造的过程，而以视觉呈现就是满足的结果。用更简练的语言进行归纳，就是8个字：发现问题，解决问题。

深入思考：发现的是什么问题，解决的又是什么问题？

设计师一定要明确，设计的基本定义是：发现问题、解决问题的过程和方式。从这个定义来说，似乎人人都可以做设计师。设计专业成为教育的一个门类并没有特别长的时间，设计师成为一个独立的职业也并没有多长时间，设计师这个职业和相关专业教育的出现，都是基于工业革命之后社会分工的需要，在都市化、科技化的高速进程中产生的。

当然，设计师也并不需要因此觉得慌张，现代设计的发展本来就是往普及方向发展的，人们在对生活的要求上是平等的，在设计上也是平等的——既然设计承载的是人对美好生活的要求，自然每个人都有天赋、能力和权利去做设计。这就要求设计师要比普通人具备更深入洞察问题的能力和更专业的分析解决问题的能力。

如何做呢？

好设计首先要明白解决什么问题，然后分析用什么解决，之后是具体该如何解决，最后，在条件允许的情况下思考这个解决办法是不是可以更好，即设计的三部曲。

a. 谁是客户。
b. 他们的问题是什么。
c. 我们应该怎么去解决。

小结：设计是发现问题，解决问题。完美的设计是精准地发现问题，优雅地解决问题。发现问题的核心方式：听他说、看他做、想他想、做他做。

继续分解开始的问题，在商业设计中，最大的问题一定是商业本身，也就是这个空间是否符合商业逻辑的要求，能否成为一个为商业活动服务的空间，更直白地说，就是这个空间在设计完之后，能否实现赚钱的需求。

商业空间项目，客户需求的痛点是什么？一定是商业，是 Money，说别的都是胡扯。客户的潜在需求是什么？要满足的潜在需求一定也是赚钱，谈情怀、谈文化、谈网红打卡也都是为赚钱服务而已。即使这个场所成了网红打卡地，但是小哥哥小姐姐来拍个照就走了，没有发生商业消费行为，那这种设计也是失败的，身边这种叫好不叫座的商业空间比比皆是。

既然设计中的核心出发点就是商业逻辑，痛点是商业模式，目的就是如何通过设计实现商业价值最大化。那么本来被美学、材质、预算、工艺、造型……所迷惑的思路就会变得很容易梳理。只要我们抓住商业行为这条主线，想清楚这个空间如何为商业服务，一切问题就可以迎刃而解。

我们来举个例子：以餐饮业界大牛肯德基和星巴克为例。这两个品牌餐饮是我们经常光顾的商业空间，大家有没有注意到这两个空间有什么相同和不同点？

首先，两个品牌都是"洋品牌"，而且两个品牌在中国各自领域的市场占有率都很大，可以说是商业领域的成功品牌，在国内赚得盆满钵满。那这两个品牌的商业模式有何不同呢？我们以点带面地分析一下。从最直观的排队方式来看，大家也许会注意到，肯德基是纵向排队，而星巴克是横向排队，为什么呢？肯德基和星巴克并没有写着要求要顾客怎样排队呀，为什么顾客如此自觉呢？答案是空间的设计方式让顾客产生了以上行为，或者说是设计影响了主体人的行为。

那造成这两种影响的目的何在？让我们展开第一层思考。

这种排队方式差异从不同角度分析会有不同结果。从品牌属性角度分析，肯德基是快消品，讲究标准化和效率；星巴克是慢消品，讲究文化和社交。从目标客群（客户群体）角度，肯德基的客户群体是以普通上班族为主；星巴克的是更高消费层级的小资。从营业角度，纵向排队方便提前了解、迅速选择套餐及下单；横向排队能够有更充分的时间选择不同口味咖啡及搭配的甜点，并观察到咖啡的磨制过程。

这几个角度的思考貌似已经有点儿烧脑了，但是还不够，我们再进一步，展开第二层思考，大家想一下需求问题。肯德基和星巴克分别满足的是什么层次的需求？

我们根据马斯洛需求层次理论来做一个分析。马斯洛认为，人的需求由生理需求、安全需求、社交需求、尊重需求、自我实现需求 5 个层次构成。

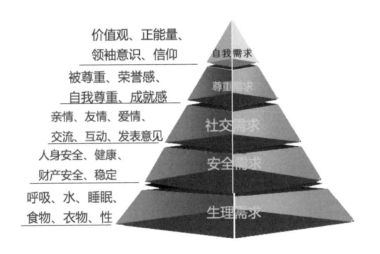

马斯洛需求层次理论

5 个层次的需求是最基本的、与生俱来的，构成不同的层次或水平，是激励和指引个体行为的根本力量。马斯洛认为低级需求和高级需求的关系：需求层次越低，力量越大，潜力越大。随着需求层次的上升，需求的力量相应减弱。在高级需求出现之前，必须先满足低级需求。

在从动物到人的进化中，高级需求出现得比较晚，婴儿只有生理需求和安全需求，但自我实现需求在成人后出现；所有生物都需要食物和水，但是只有人才有自我实现需求。

低级需求直接关系个体的生存，也叫缺失需求，当这种需求得不到满足时会直接危及生命；高级需求不是维持个体生存所绝对必需的，但是满足这种需求使人健康、长寿、精力旺盛，所以叫作生长需求。高级需求比低级需求复杂，满足高级需求必须具备良好的外部条件：社会条件、经济条件和政治条件等。

对照看一下肯德基和星巴克分别位于满足人们需求层次的哪一级？我们会发现，肯德基主要位于基础层次，主要业务是满足生理需求，满足食物和水的需求。尽管肯德基也加入了一些社交功能，比如下午茶，但主要满足的还是生理需求。

再来看星巴克，我们去星巴克的动机并不是因为饿，而是不饿，是吃饱了才去的。去星巴克可能是因为要约人谈事，要聊天，发呆，要发邮件，要装格调发朋友圈……但就不是为了吃饱。我们可以清晰地看到，这个层次的需求主要在第三级，属于社交需求。

围绕这两个层次的需求，肯德基和星巴克分别设计了不同的场景，你会发现肯德基的设计色彩明快，在高明度、高彩度的暖色环境中，人的食欲会增大 1.2 倍以上，对于油炸食品和辛辣、冷热的刺激变得更有需求并更有耐受力。而星巴克的设计是以大地色系为主，深咖、棕、灰，让人能够安静、休闲、放松、有安全感。星巴克是要传递一种围绕咖啡的慢生活方式。

肯德基的座椅是硬的高分子塑料，座位较小，而且固定在地面上，是不允许移动的。有卡座的靠墙位置，椅背和坐垫一定接近 90 度。这样做的目的是让顾客不太舒服，从而快速进餐，快速离开，不会耽误翻台。星巴克的座椅软且沙发包裹性较强，比较舒适，有安全感。这样有利于顾客较长时间停留，延长顾客停留时间有利于增加客单值。

这样思考，我们不单能够理解为什么排队方式有区别，色彩有区别，而且也能够理解空间布局的区别，座椅软硬的区别，桌子坚硬与温暖的区别，沙发包裹性的区别，座椅和桌子能否挪动的区别了。

让我们继续展开第三层关于商业逻辑的思考。简单说是，两个品牌赚钱效率的快慢区别。肯德基要赚钱必须要有速度，星巴克要赚钱一定要有品位，所以两个品牌的开店地址永远有区别，扩张速度永远有区别。

对于进店顾客，肯德基同样讲究快，快来快点快吃快走，这是哈兰德上校对顾客的要求。因为一天人们只需要吃三餐，而三餐时间有限，所以要在有限时间创造尽量大的价值，必须要快。而星巴克讲究社交，讲究休闲，讲究慢，要慢来慢选，慢品慢走，这是双尾美人鱼对顾客的要求。因为喝咖啡的时间，一天任何时间都可以，有很多对咖啡因"免疫"的人，深夜10点还可以喝一杯。

是否可以这样说，肯德基赚快钱，星巴克赚慢钱？

再总结一下，得出一个更直接的结论，肯德基卖的是食物，而星巴克卖的是时间。

用下页图来梳理我们以上的思考过程。

所有的品牌行为都是围绕商业核心展开，所以我们做商业空间设计的思考方式一定是由内而外展开的，而不要一上来就奔着造型和色彩而去，太多设计师，做来做去还是停留在表面的视觉上，言必称尺度、造型、色彩、灯光……对商业空间设计来讲，再炫的视觉效果，如果不赚钱，过不了多久就是一堆建筑垃圾。我们的设计应该是由内而外展开的。明确了这一点，就会明白，我们要升级的不是设计理念和设计技巧，而是设计思维和设计观。

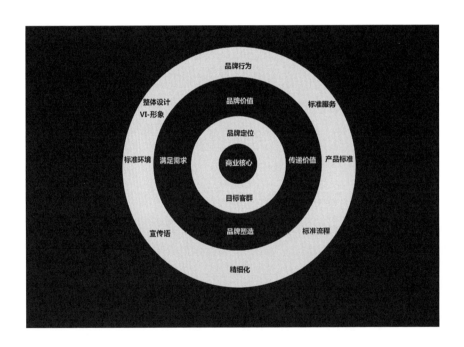

我们继续以一个国内响当当的餐饮品牌海底捞为例。海底捞成立于1994年，是一家以经营川味火锅为主、融汇各地火锅特色为一体的餐饮品牌火锅店。海底捞在我国简阳、北京、上海、沈阳、天津、武汉、石家庄、西安、郑州、南京、广州、杭州、长沙、深圳、成都、重庆及韩国、日本、新加坡、美国等多个国家有百余家直营连锁餐厅。2018年9月26日海底捞正式登陆中国香港资本市场。

这是把火锅做成标准化，以服务和管理为核心竞争力，进而全球扩张上市的中式餐饮品牌。

火锅是中国传统的餐饮形式，据考证最早可以追溯到春秋战国时期，这样说来，海底捞做的一定是传统餐饮，而事实是这样的吗？

那我们用上文的思维方式来分析一下海底捞的商业逻辑，思考一下，它真的是一家火锅店吗？

大家去海底捞的时候，都会有一种感觉：这个空间真的很温馨，很有亲和力，有种错觉就是感觉海底捞很喜欢我，想让我多在这里待一会儿。尽管理性告诉你，这是一家让你把钱往出掏的消费场所，但你还是感觉它像是你的朋友。这也许是海底捞成功的重要原因。

我们知道传统火锅店的状态是慵懒放松、热气缭绕、人声喧闹、推杯换盏、服务一般，但一坐下没两三个小时基本出不来。我们再看海底捞，环境整洁，动线明确，有条不紊。但很奇怪的是，海底捞翻台很快，好像我们吃饱了就想走，没有待下去的欲望。这是为什么呢？你看服务员态度多好，环境也不差，为啥顾客待不住呢？

要知道所有这些看起来很美好的表象，并不代表海底捞真的想让你在这里多待一会儿，恰恰相反它想让你尽快离开，因为它的商业逻辑是效率。支撑效率的除了标准化管理和亲和力服务之外，有一个重要的因素就是翻台率。那如何能提高翻台率呢？答案是，一定要把火锅这个传统餐饮形式变成快餐模式！

快餐模式是啥样的？

仔细观察会发现海底捞和肯德基的共同点：直线方形的运用，座椅软度，靠背的角度，餐厅的光照度等，很多细节不谋而合。

从感受方面，你会发现和肯德基一样，我们身处的这个环境，并不是非常舒适放松的，并不能长时间提供舒适感和安全感。海底捞有太多棱角太多直线，还有略狭窄的座椅和拥挤的公共免费小料区。因此，我们用餐效率会提高，翻台率自然也提高了。

这就是基于商业核心做出的商业空间设计，成功地将空间主体心理和行为进行改变的典型案例。

可以想象一下，在海底捞看似普通的设计之中蕴含的力量。换言之，如果

我们只关注表层视觉，做一个极其时尚炫酷、充满视觉冲击力又舒适的设计，炫则炫了，顾客待在里面的时间没有控制，消费方式也没有测算，往最好里面说，可能只是一家网红店，永远成不了上市公司。看到这里会有人提问，我不奢望上市，我就是做一个单体店，那做成网红店让大家来打卡不是很好吗？没错，单体店在运营方面比连锁店要简单，在设计方面自由度更大，但是思维方式是一样的，甚至你要帮这个资金有限、经验不是很足的甲方来重新梳理一下商业思维。在某种意义上，这个单体店的成功与否，与设计师商业思维水平高低密切相关，而不是设计水平。

空间色彩、造型布局等设计语言都是商业逻辑的表达，是为了改变空间中主体的思维与行为。

继续思考，西餐厅和自助餐厅分别应该如何设计才能满足赚钱需求，让商业价值最大化呢？我们前面讲过，所有外部因素的设计，都要以商业为核心，我们的设计应该是由内而外展开的。我们分析一下西餐厅的赚钱模式是什么，满足的是马斯洛需求层次理论的哪一级，卖的是时间还是食物。经过分析我们可以得到这样的结论：西餐厅卖的是时间，是社交时间，是受到尊重的时间。

经过调查会发现，顾客的消费额与在空间中逗留时长成正比，那我们就应

该确定实现商业模式的重点就是营造舒适氛围，提高单值，增加顾客逗留时长。在外在设计上就应该有优雅并幽暗的灯光，能俯看到市景或江景或海景的落地玻璃窗，有高定的 FENDI CASA 家具，有精致的莫兰迪色艺术漆，有意大利 FLOS 灯具，有恩雅的背景音乐……菜单内容上必须有米其林三星的大厨，有来自法国的原产地红酒、鹅肝、黑松露，有俄罗斯的鱼子酱，有日本的和牛牛排等。先把这些硬菜整上，其他菜品的价格就有了依托。红酒一定是原产地的，小千元起步。在餐盘设计上可以用高端的小餐盘。餐桌稍大一些，这样可以产生点的菜有点儿少的错觉，更有利于提高单值。桌上最好有烛台，仪式感的东西更容易留住客人。然后是服务员的年龄、身高、体重和穿着打扮，是否要双语服务等。总之，西餐厅要

赚钱：把面子做足，仪式感做足，故事讲到位，重要的是要实现对客户的尊重感，完成贩卖时间的商业逻辑。自助餐厅的商业逻辑是什么呢？我们依然将设计由内而外展开，我们分析一下自助餐厅的赚钱模式是什么，满足的是马斯洛需求层次的哪一级呢，卖的是时间还是食物。经过分析我们可以得到这样的结论：自助餐厅卖的主要是基础需求。经过调查会发现，顾客的消耗与在空间中逗留时长成正比，而利润与顾客的逗留时长成反比。那我们就应该确定实现商业模式的重点就是营造不太舒适的氛围，缩短顾客逗留时长。在外在设计上就应该提亮灯光，安装相对封闭、有景色的窗户，减小家具尺度，座椅靠背与坐垫角度更直，坐垫尺度更小，缩短相邻卡座之间的距离，相对增加通道距离……在餐盘设计上可以用大餐盘，餐桌稍小一些，这样可以产生已经把桌子摆满了、差不多够了的错觉，更有利于降低损耗。

综上，设计是一门解决问题的学科，设计师是负责发现问题、解决问题的执业者，如此说来，把问题分析透彻并找到解决方式，这才是设计师应该做的事情。商业空间设计本身是商业行为的一部分，是商业的外衣，脱离商业的设计是不成立的。不要做孤芳自赏、自娱自乐的设计。商业设计的成功，不在于设计的成功，而在于商业的成功。

你品，你细品。

第二课

不做好设计，要做对设计

给谁做设计

需求有层次

显性隐性大不同

痛点有多痛

痛点的细分

——

不做好设计，要做对设计

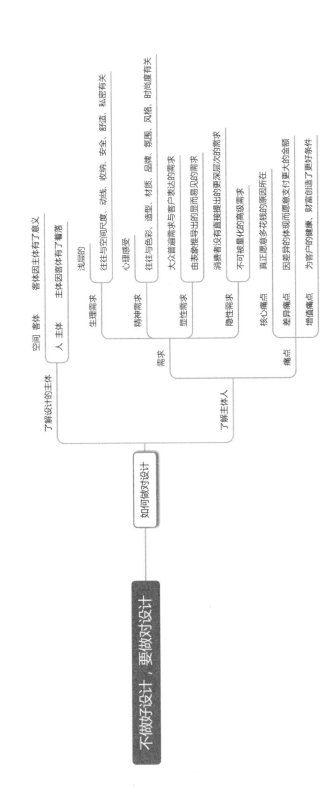

能否把设计重心放在人上面，
这是好设计和对设计的区别。

在上一课中我们讲到了如何用商业思维指导设计这个话题，有人问，如果我是家装设计师，不做商装，这种思维是否适用或者有必要呢？带着这个问题，我们开启本课的思维进阶之旅。

首先我们再思考一个问题：设计是为谁做的，空间或人？

相信对于这个问题 90% 的设计师的答案都是后者，肯定是为客户为人做设计呀！没错。如果我们把家分成主体和客体，那么主体是人，是所有的家庭成员，客体是房子。只有主体，没有客体，那么人就过着一种漂流的生活，不安定也不安全。只有客体，没有主体，那它就是一栋空房子，没有生气。主体的人使客体的房子发生意义，客体的房子使主体的人生活有了着落，更安全更温馨。

这是大家都明白的道理，但多数设计师往往在量房后拿到原始平面图的第一时间，几乎会毫无悬念地又把所有注意力放在了空间上面，开始在脑海中搜索过去的经验以匹配当下空间，并且寄希望于某一个新奇的造型和独特创意来打动客户。

很多设计师沉醉于现在很流行的户型优化思路中，可以把一个户型百般改造，当然这对于启发设计思维很有帮助，但前提是你在做方案的时候，是

好的设计师一定会用设计来影响
和改变空间主体的心理和行为方式。

否还记得这是给谁在做设计？如果只看空间不看人，出发点就错了。但这是大部分的设计师的工作状态，如果碰巧这个创意客户喜欢，当然会提高签单成功率。而在多数情况下，客户并不满意，于是你会在心底抱怨客户品位不够，不懂审美，继续接触下一个客户。周而复始，陷入怪圈而不自知。

"文无第一，武无第二"，设计师这个行业难就难在没有一个衡量标准，让自己明确自己的真实水平，进行自我定位。在这个行业中，多数人是高估了自己的设计水平的。在高估自己的设计能力的同时，低估客户的审美和需求，这是一种设计行业比较普遍的情况。

设计师最多关注的是空间，会不自觉地把自己的主观感受强加进去，而对于空间中的主体——人，往往会习惯性忽视。要明确的是，空间因为有了人的存在才有了意义，如果一个空间没人存在，那它再美好也毫无意义。所以，我们要把注意力放在主体人上面，而非客体空间上面。换言之，我们设计的不是房子，而是客户的生活环境。

能否把设计重心放在人上面，这是好设计和对设计的区别。

明确这一点，我们继续进行探讨，我们要如何设计作为主体的人呢？

对未来的憧憬与现实之间的差距就是需求，
有需求就会产生焦虑，形成痛点。

在上一课中我们曾经讲到，好的设计师一定会用设计来影响和改变空间主体的心理和行为方式，要影响和改变人，必须先要了解人。

了解人的需求多面性，更要了解人在选择时内心的焦虑和痛点。

当主体人选择了一个空间作为生活场所之后，一定会伴随着对未来美好生活的憧憬，也一定会伴随对当下环境的不满。

对未来的憧憬与现实之间的差距就是需求，有需求就会产生焦虑，形成痛点。这样我们就明确了，一定要了解并分析把握主体的需求和痛点，这是做对设计的两个关键因素。

需求　　　　　　痛点

先讲需求，需求是在一定时期内人们的某种需要或者欲望，在经济学上还有购买欲望的含义。客户在描述需求的时候，往往会停留在表面层次，但客户说的往往不是真实的需求，设计师需要尽最大的努力去挖掘客户的真实需求。客户的需求既不是单一层次的，也不是一成不变的。我们给需求划一个范围。一种是生理层面的，一种是精神层面的。生理层面的是浅层的，往往与空间尺度、动线、收纳、安全、舒适、私密、利用率、便捷、光照有关；精神层面的是心理感受，往往与色彩、造型、材质、品牌、氛围、风格、时尚度有关。

换一个角度，需求又能分为显性需求和隐性需求。显性需求就是客户信息呈现并表达出来的需求，直观浅显；隐性需求是客户未清晰表达的需求，不方便表达或者未意识到。虽然未意识到，但并不代表不重要，恰恰相反，隐性需求往往是至关重要的深层次需求，如下图所示。

显性需求

隐性需求

显性需求是冰山一角，隐性需求才是本质。有这么一个笑话：富翁娶妻，有 3 个人选，富翁给了 3 个女孩各 1000 元，请她们把房间装满。女孩 A 买了很多棉花，装满房间的 1/2。女孩 B 买了很多气球，装满房间的 3/4。女孩 C 买了蜡烛，让光充满房间。最终富翁选了胸部最大的那个。

这个笑话本身反映出来一个很重要的信号：一定要知道用户真正的需求点在哪里，不然最后都只是徒劳！接下来要讲的显性需求和隐性需求，就是专门帮助大家如何快速分析出目标客户的真正需求点在哪里！

举个例子，人们买电钻，需求的并不是电钻本身，而是墙上的洞，只要能够在墙上轻松钻一个洞，工具是不是电钻都无所谓。甚至我们需要的也不是墙上的洞，而是能够固定挂画的结构点，只要能挂住画，有没有洞无所谓。开关是为了控制灯的，如果能用更便捷方式来控制，我们可以不需要开关。而我们需要的也不是灯，而是光，如果有光，灯是否存在也无所谓。

那人们在高速公路服务区的需求是什么呢？显性需求是吃饭、喝水、上厕所、休息，而隐性需求是什么呢？只有一个，就是尽快离开，尽快启程。显性需求更具体，隐性需求更直接。同理我们可以推导分析出人在拉面馆和西餐厅的隐性需求，并以此作为设计的出发点。所以，我们不仅要用耳朵听客户表达的内容，还要用眼观察、用心体会，分析客户的隐性需求。

需求的表达方式也不尽相同，同样的词儿在不同人的心中所代表的含义是有天壤之别的，同样作为客户，50 岁土豪大叔的时尚和"90 后"海归的时尚不同，体制内科长的低调和创业公司老板的低调不同。同理，他们所说的中式、欧式、简约、大气也大都不是设计师所理解的"中欧简大"，所以，我们一定要通过台词体会潜台词，通过表象看到本质。而且要明确一点：倾听客户不等于听从客户。很多时候我们去听客户讲解需求，会陷到客户的思维里面去，认为客户讲的就是他们真实想要的，这是不够客观和全面的。

乔布斯曾经说过，不要问客户需要什么样的手机，他们不知道需要什么，只需要把正确的手机放在他们面前即可。"乔帮主"虽然语言犀利，的确说得有道理。

很多客户都不知道自己的真实需求是什么，因此需要把最终方案或者概念方案的参照物放在客户眼前，才能引发客户对真实需求的思考。

客户想要什么不等于他们的真实需求，所以在客户表达想要什么的情况下，我们要去分析当客户生活在这个空间之后，能让客户产生什么样的感受，达到什么样的结果，再反过来去看，有哪些方式可以达到这个结果。

再者，方案不等于真实需求。有的客户比较有思路，会直接告诉你方案该怎么做，背景墙该怎么设计，吊顶是什么样子，以达到他们所想要的结果。有时候碰到这种客户，设计师也会被绕进去，你还会觉得这种客户思路很清晰，沟通起来很顺畅，实际情况却是你已经迷失了设计师自身的职责。

可以怎么做不等于应该怎么做。后者限定死了，相对来说是基本不变的，前者却是动态变化的，会有很多种方法，条条大道都可以通罗马，而不是应该走某条规定好的路去罗马。

以上这些分析给我们的启示是：需求理解和定义的过程可能不在需求本身，而是在需求之外，跟人的因素、心理学、社会学等有很大的关联。所以要始终坚持以客户潜在需求为中心，而且知识面一定要宽，不要局限在设计本身。

总结一下，显性需求：大众普遍需求与客户表达的需求，或由表象推导出的显而易见的需求。大众普遍需求：对于价格、环保、设计、服务的需求或按空间划分的需求。隐性需求：消费者没有直接提出、不能清楚描述的需求，这类需求是感性的，不可被量化的，不容易模仿、比较、满足的，是客户的高级需求。

有时候隐性需求更能和客户形成共鸣，显性需求靠左脑驱动，代表理性，能够让客户认识你。隐性需求靠右脑驱动，代表感性，能够让客户认可你，而在很多情况下，其实成交基本都是靠右脑驱动的，是感性的行为。中医讲究望、闻、问、切，用这种方式可以通过病人的言谈举止、身体发肤了解病情。设计师也要学会用类似方式，观察、聆听、交流、分析，最终确定客户的真实需求，准确把握客户的痛点。

痛点是什么呢？痛点是客户在成交过程中的纠结点。痛点是因为理想与现实间的差距，先引发焦虑，进而产生痛点。痛点的内在含义是人们对期望中的产品和服务的满意程度与现实的落差。带有焦虑的需求，甚至带有恐惧的需求就是痛点。

能否准确定位痛点是能否成交的关键点，当然痛点也不是单一层次的，要知道，多角度分析问题，多角度思考问题，有助于我们快速进阶。我们根据心理学知识把痛点进行分类，分别是核心痛点、差异痛点、增值痛点。

核心痛点——客户最纠结的点，真正愿意多花钱的原因所在。
差异痛点——指客户因为这种差异的体现而愿意支付更大的金额。
增值痛点——设计为客户的健康、财富创造了更好条件。

痛点来源于需求，并与需求相辅相成。需求是痛点的源泉，痛点是需求发展到某一阶段的必然结果。

这样讲有点儿学术，有点儿难懂？我们举个例子使其形象化。

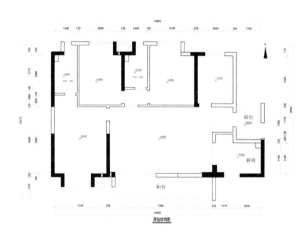

以此户型为例，这是一个三口之家。男主人，39岁，企业高管，喜欢健身和户外运动。女主人，35岁，电台主持人，喜欢服装、美妆、瑜伽。女儿，9岁，小学二年级，学钢琴、舞蹈。

这些是基本信息，我们可以从这些信息提炼出客户的显性需求。然后进行层层剖析，分析显性需求背后的隐性需求和痛点。首先，三口之家的每位家庭成员都处于工作／学习状态，都有各自的兴趣爱好，有对生活的不同理想。对空间而言，必然要尽可能满足每位家庭成员的需求，这里包含显性需求——空间的使用功能，包括空间尺度、动线、收纳、安全、舒适、私密、利用率、便捷、光照等方面；隐性需求——空间氛围、心理感受，包括色彩、造型、材质、品牌、氛围、风格、时尚度等方面。

其次，我们进一步进行分析每位家庭成员的具体需求，对于男主人，39 岁，企业高管，这个年龄的男人需求是什么？这个年龄的男人，上有老下有小，责任大，压力大。有个段子这样讲，这个年龄的男人，上有逐渐老去的父母，下有需要抚养的孩子，手里是压力山大的事业……他需要的空间是宽大舒适的起居室，向阳视野开阔的健身区，如果有书房或者属于自己的独立空间就更好。从表面上看，他喜欢健身和户外运动，其实他需要的是自由。因为喜欢健身、户外运动的人，会有一些收藏和纪念品，用来记录自己的历程。从这两项爱好来看，这个男人，有压力但是懂生活，心态较为阳光。39 岁的企业高管，应酬不会少，应酬晚归，为了不打扰家人，这就对独立自由空间的心理需求更大一些。

女主人，35 岁，到了一个知性优雅的年龄。职业是电台主持人，对于自己的形象尤其重视。另一个角度，35 岁也是女人开始产生形象危机和年龄焦虑的年龄，这就可以理解为什么这个年龄的女人又重新对粉色开始感兴趣。所以女主人需要有空间充裕的衣帽间和化妆台。喜欢瑜伽说明有强烈主动改变的意识，所以如果方案中能有宽大的化妆区、练习瑜伽的区域，就会更吸引女主人的目光。

孩子，9岁，她虽然目前在设计过程中没有话语权，但是整个家庭的重心，家庭的未来之星，父母的期望都寄托在孩子身上。所以孩子的成长空间设计尤其重要，而且要记住一点，当其他家庭成员的增值痛点与孩子的成长需求之间发生冲突的时候，一定要以孩子为主，孩子爱好钢琴、舞蹈，所以在空间设计中最好要有钢琴区，要有舞蹈区。做完以上分析我们会发现一个问题：以孩子为主是否要牺牲掉起居室、男主人的书房、女主人的化妆区？如何进行功能区有机划分与相互结合，解决好这个问题，就相当于梳理了整个家庭的生活方式，也就准确定位了整个家庭的核心痛点。

我们来看一下 A 设计师的平面方案。

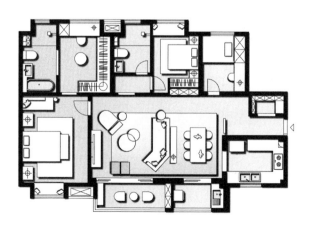

经过分析，我们在看方案的时候基本就一目了然。以上方案对于男、女主人的需求都有满足。无论是公共区域还是私人区域，都考虑到位。而且方案布局方正，空间留用率高，动线明确且规划方正，一看就是出自"老设计"。尤其是对于女主人的照顾很到位，主卧设计成套房，有宽大的化妆区和衣帽间。但是对于孩子的需求没有照顾到，甚至是压缩了孩子的需求空间。尽管实用性操作性都很强，也很容易抓住男、女主人的眼球，但是一旦碰到更准确的方案，就会被打败。

再看 B 设计师的方案。

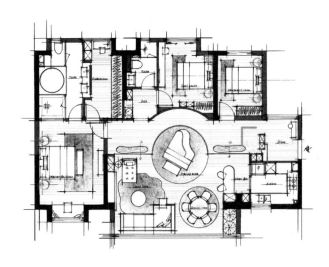

很显然，这个方案照顾了女主人的需求，同时也极大程度突出了孩子的家庭地位，满足了孩子的成长需求。空间布局别出心裁，极具创意。整个空间设计中心是围绕孩子展开的，这个方案非常大胆，非常出彩，注定与众不同，也非常冒险。三角钢琴压缩了客厅、餐厅、阳台空间，使这些空间变得很琐碎，导致生活动线被打乱，使用功能严重下降。而这个大家伙并不是一个9岁小琴童的必备品，事实上绝大多数三角琴只是演奏用琴，并不实用，对于一个中等面积平层来讲，它的体量感实在太大了。在这个方案中设计师努力想营造一种音乐厅般的仪式感，显然是设计师不了解钢琴属性做出的一厢情愿的方案，可能会把自己感动了，绝对感动不了客户，就算可以感动客户，但也仅限于感动，不会真把自己家做成这样。继续第三个方案。

这个方案弱化了客厅的娱乐功能，有吧台区和圆形餐桌，更重视家庭氛围。同时满足了男主人的健身需求、女主人的形象需求、瑜伽需求，更加满足了孩子的钢琴和舞蹈需求。看似牺牲了男主人的独立空间，但是因为应酬导致的对独立空间的需求实际上是个伪需求。这个方案第一眼看似平淡无奇，但对于家庭各成员的显性、隐性需求把握准确，较好地解决了痛点，挖掘并满足了三口之家的大部分要求，细节稍显粗糙，再稍加打磨，必然会脱颖而出，让客户无法拒绝。

通过这种梳理，大家会清晰地看到我们做方案的过程实际上更多的是分析主体需求，层层剖析家庭成员之间因需求产生的空间重叠、冲突和融合，并未牵扯太多精力去分析空间本身的优劣。只有满足了主体的需求，只要解决了主体的痛点，空间问题自然会迎刃而解。

美感是需求的附属品，好的设计只注重美感，而对的设计是抓住痛点。好的设计有情怀，对的设计解决问题。好的设计感动自己，对的设计退后自己。讲情怀、讲文化如果不能解决根本问题，那也是徒劳的，用对的设计帮助客户梳理生活方式，让主体生活更美好、更幸福，这才是设计师自我价值的实现。

做好的设计，更要做对的设计。

▼

第三课

设计师的商业逻辑

这就是商业逻辑

把时间卖成金钱

怎样卖出高价钱

产品思维要养成

——

设计师的商业逻辑

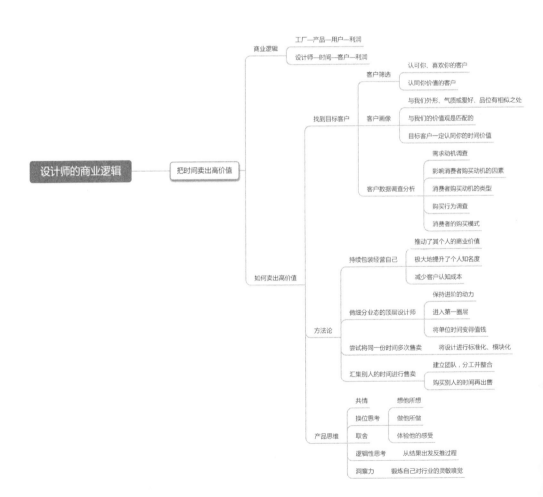

谈到设计情怀，我们有一腔热血，满腹感触。仿佛设计师就是为情怀而生的。回想起我当年自己学设计的初衷，那是抱负满志，妄想肩负起改变国人生活环境的重任。跟设计师们在一起聚会，每每谈到此话题，关于造型、趋势、新材料，关于设计大咖的新作，大家总能滔滔不绝地热烈讨论。而一谈到设计中的商业逻辑，这个关系到生存与发展的话题，设计师们往往没有太多表达，避而不谈甚至没有思考。其实商业逻辑、商业模式的问题，在设计中是逃避不了的。所以我们今天要认真聊一下这个话题，让我们更加明确设计师这个行业的商业逻辑。

先谈设计师这个职业，设计师是当社会发展到一定程度，当满足人们基础的温饱需求之后所产生的。十几年前我在填写表格的时候，填到职业分类一栏时很尴尬，因为没有设计师这一职业，也没有设计师这一明确概念，室内设计师这个职业的归属，到底属于文化类、建筑类还是艺术类，完全没有界定。社会商业化程度越高，职业细分会越深入，而设计师这个职业一定是社会商业化达到一定程度后的产物。

我们继续来思考一个问题，设计是不是一门生意？

大部分人的回答是肯定的，这时也一定会有人站起来说不！我不是为了钱而设计，我是为了情怀、为了理想而设计。

好，秀儿你先坐下。

这样想当然也没错，我们从来不会用金钱去侮辱高尚的理想。但是，我们要清楚的是，设计，从它诞生的第一天开始，就是为人服务的。设计不是纯艺术，不能只满足自己，一定要满足他人。这就决定了这个职业的属性是服务。既然服务一定会产生服务的价值，而价值的体现，在商业社会中，一定是 Money。如果再有人站起来说 No！我的设计不需要别人认可，只要我自己高兴就行……那请到隔壁艺术家的房间就座。

设计师无论胡子多长、头发多乱、衣服多怪异，打扮得多像艺术家，也不是艺术家，设计师是为人民服务的工商业从业者。

要不然为什么装饰公司、设计公司、设计工作室都要到工商部门注册呢？好了，既然都是工商业从业者了，我们就可以开怀畅谈商业了。什么是商业逻辑？

商业逻辑是指通过连续关联的商业活动来达到最终的商业目的，为实现客户价值最大化，把能使企业运行的内外各要素整合起来，形成一个完整高效率的具有独特核心竞争力的运行系统，并通过最优实现形式满足客户需求、实现客户价值，同时使系统达成持续赢利目标的整体解决方案。

这里有 5 个关键要素：第一，内外要素整合；
第二，独特核心竞争力；第三，运行系统；
第四，满足需求、实现价值；第五，持续赢利。

这里有 5 个关键要素：第一，内外要素整合；第二，独特核心竞争力；第三，运行系统；第四，满足需求、实现价值；第五，持续赢利。

满足这 5 个关键要素，才能形成持续赢利的运行系统，才能称之为成熟的商业逻辑。

我们用一张图来做个说明。大家对照下图深入体会一下，商业逻辑中持续赢利的运行系统。我们的产品／服务的定位决定了我们的价值主张，以此筛选并定位客户，为客户画像贴标签，并通过维护优化客户关系，打造渠道策略，建立收入来源。收入来源由关键业务和核心资源建立，也有我们上下游的合作伙伴，再建立成本结构。

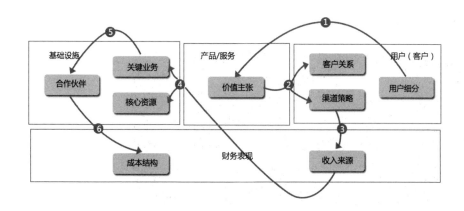

感性思维是发散的，需要梳理归纳，
最终形成系统思维，这才是成熟的思维方式。
仅凭直觉和感受做设计，永远成不了大设计。

因为设计师的思维大部分是感性的，而非理性的，对于有条理和逻辑性的思维方式很不习惯，这是优秀设计师经营不了优秀公司的原因。很多设计师在原来公司平台做得很优秀，但跨出门自主创业，则往往以失败告终。原因就是感性思维无法支撑持续发展，我们要做一些改变和升级，感性思维一定需要理性作为支撑才能更准确。感性思维是发散的，需要梳理归纳，最终形成系统思维，这才是成熟的思维方式。仅凭直觉和感受做设计，永远成不了大设计。

商业行为中必须要有产品作为成本和利润的载体，并在生产者与消费者之间流通，那么我们要思考一个问题，作为设计师，我们的成本是什么？

我们先来看一张商业逻辑简化示意图。

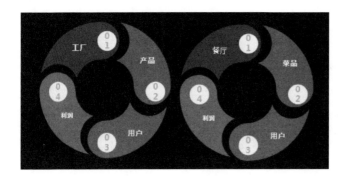

工厂针对用户生产产品，用户购买产品，购买行为产生利润，利润又回流到工厂，工厂进一步采购原材料，扩大产能，提高产品供应能力，依次循环往复。同理，餐厅给用户制作菜品，用户食用菜品并付费，购买行为产生利润，利润又回流到餐厅，依次循环往复。

可以很清楚地看到，工厂的直接成本是生产加工所需的原材料、机器设备以及人工成本，餐厅的直接成本是制作菜品的原材料、水电燃气以及人工成本。这些都是显而易见的，那么问题来了，作为设计师，我们的成本是什么呢？我们提供了什么给客户，从而完成商业逻辑闭环呢？

设计师—？—用户—利润，是服务，或创意，或思想？

先不忙公布答案，再给大家分享一个发生在身边真实的故事。

小张是我们当地小有名气的设计师，他有个发小儿，姓吴，做文玩玉器生意。2018 年小吴在当地买了一套房准备结婚。让小张帮忙设计一下，说兄弟，这是我的婚房，就拜托你了，设计好了，回头请你吃大餐！小张觉得都是好哥们儿，没好意思提钱，就加班熬夜给画布局，做方案，做效果图，反复修改，折腾一个多星期，总算哥们儿满意。小吴满口感谢，小张更不好意思提设计费的事。

过了几天，小张看到小吴在朋友圈发了一个手把件，如下页图，很喜欢，
有创意，也有寓意，一念成佛，一念成魔，和设计师的创意过程很相通。
于是小张在微信上问兄弟，这个我很喜欢，是什么材质的？小吴半天回复，
是崖柏的，原价 2200 元，你要的话给 1800 元就行。这句话伤害性不高，
侮辱性极强。小张那天晚上失眠了，百感交集，五味杂陈，感觉到自己的
职业被一个小小的手把件侮辱了。

我想这并不是个案，设计师很多时候就这样被无情地侮辱，理由是：做设计就在电脑前随便画一下，很简单，又没有什么成本……

"你帮我设计一下，很简单……"

"设计费？要啥设计费？不就随便画画吗……"

"你帮我做个效果图，不用那么复杂，能看出效果就行……"

每当此刻，相信你都会有要抽对方的冲动。反思这个问题，普通人为何对设计师的付出和成本有如此大的误解？要知道咨询律师，我们要付咨询费，咨询医生，我们要付挂号费，而咨询设计师不收费，为啥感觉设计还能是免费的呢？

我们一定要搞清这个问题——设计师的成本究竟是什么？

是公司场地租金？是电脑设备成本？是外出学习的费用？想方案死去的脑细胞？好像都是，但又不全面，到底什么才是设计师的成本呢？思考设计师的成长经历和进阶过程就会发现，设计师的成本最终只有一个，那就是时间。

没错就是时间。时间是我们唯一的成本，时间也是我们唯一的产品基础。

设计师生产产品吗？我们的产品是什么？没错，一定要用产品思维来做设计，作品即产品，客户即用户，时间即成本。

即设计师—时间—客户—利润。

设计师提供的设计服务，包括调研、分析、创意、绘图、表现等过程，都是智力的抽象服务，在抽象服务里，我们可以提供服务的数量是受到时间制约的，我们每天只有 8 ~ 12 个小时的时间。设计师挣钱虽然靠的是智力，但最后靠的其实是时间。室内设计师从事的是 1 对 1 的工作，每位客户都有独立且个性的需求，设计师永远无法像工厂一样，做 1 对 N 的模式。工厂可以通过扩大生产规模，增加产能，单一成本降低，实现利润增加，而设计师无法做到这样的量产。一方面受到每天固定时间的制约，另一方面受到客户个性化需求的制约，设计师的时间显得尤为珍贵。

这样说来，设计不但有成本，而且成本很高，设计师要从小白不断升级进阶，获得一个成熟设计师的段位，靠的就是提高效率与质量而来的单位时间的价值。这价值，是通过漫长岁月的艰辛学习、思索、实践等累积而来的，在这个过程中，往往伴随着高昂的试错成本和身心煎熬。

小结：设计师通过卖出时间给目标客户获得利润，这就是设计师的商业逻辑，只有清楚地认知这一点，我们才能养成理性的思维方式，进而建立设计系统，梳理属于自己的商业模式。

既然如此，如何卖出时间，如何高效卖出时间，如何把时间卖给对的人，如何把时间卖出高价值，是我们应该关注和解决的问题。

需要找到认可你、喜欢你的客户，认同你价值的客户，把时间卖给他。这就是我们经常讲的，目标客户。

目标客户，即企业或商家提供产品、服务的对象。目标客户是营销工作的前端，只有确立了消费群体中的某类目标客户，才能展开有效具有针对性的营销事务。经济学书上说，要对目标客户调查研究：需求动机调查，消费者的购买意向，影响消费者购买动机的因素，消费者购买动机的类型等；购买行为调查，不同消费者的不同购买行为，消费者的购买模式，影响消费者购买行为的社会因素及心理因素等。

转换成我们都能听懂的话就是，大家不要肤浅地理解目标客户这个词，通常认为目标客户就是目标消费群体，其实目标客户是立体的、生动的，要给我们的"衣食父母"做画像，明确知道他们的样子、他们的行为习惯，给他们贴好标签，知道他们在哪儿。这样才会快速 Pass 掉非目标客户，筛选出目标客户。

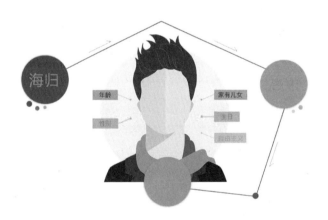

如何筛选客户？这个动作会难倒很多设计师，因为我们习惯增加客户量，从来不愿意去"拒单"。许多人困惑于如何筛选目标客户，其实目标客户与我们是有很多相似之处的。

世界上有相互吸引的法则，即物以类聚，人以群分。举个例子，客户选择设计师的过程和买车的过程很像，你会发现客户选的车都会有客户的影子。

举例：奥迪 A6 之前是官车的代表，买这个车的人，多多少少有点儿对官本位的向往；牧马人越野性能优越，不开着去趟西藏都对不起肌肉男的称号；思域有"神车"的称号，开它的小伙儿觉得思域能强过所有车；依次还有普拉多、MINI、雷克萨斯，对应的车主，无论外形还是气质都与车有诸多相似之处。这种现象说明了用户在选择商品时的一种心态，除了与消费能力紧密相关之外，另一个重点是与自身气质的契合度。

不单单是买车，在购买商品或购买服务的过程中，客户会选择与自己"同频"的商品或服务。

了解这一点，我们就更明确我们的目标客户的画像，他们必然有 3 个特点。第一，与我们外形、气质或爱好、品位有相似之处。第二，与我们的价值观是匹配的。第三，目标客户一定认同你的时间价值。

依此思路继续深入，进一步将最契合我们的目标客户的年龄、消费水平、文化水平、兴趣爱好、常去的场所、圈子等诸多方面进行精确画像，明确知道什么样的客户是我们的"菜"，高效筛选，不在非目标客户身上浪费时间。

开玩笑地说，这一点骗子做得很好，他们通常用一些很低智商的话术，

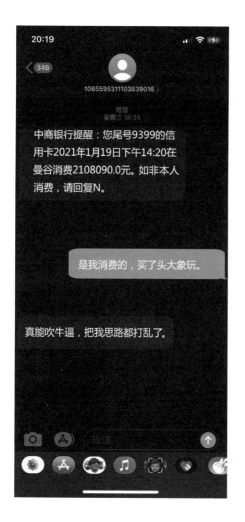

"我是吴彦祖,拍打戏被打飞了……""我是蒋介石私生子……""我是清朝公主……"还看过一个报道,有人自称是玉皇大帝的儿子,一年时间骗到了2000多万元。很多人会疑惑,为什么他们不用更令人可信的身份呢?

这就是骗子的高明之处,如果身份更加可信,一定会增加筛选难度,会在非目标客户身上浪费时间,而这样做的好处是快速定位目标客户，用很夸张的话术来快速 Pass 掉智商正常的客户，选中低智商高价值的客户。

好，关键问题来了，我们的时间如何能卖出高价值？设计师想更大程度实现自我价值，增加利润额，使商业行为更顺畅，一定要在时间上做文章、下功夫。

把时间卖出高价值的方法归纳为以下 3 种。第一，持续包装经营自己，给自己的设计贴上稀缺标签。打造自己的个人 IP，经营人设。在如今这个新媒体时代，坐拥百万甚至千万粉丝的号召力已经不是大牌明星的特权了。随着网红这一职业的崛起，个人 IP 的商业价值开始显现。个人 IP 的打造不仅仅推动了其个人的商业价值，还能够极大地提升个人知名度。很多网红设计师所拥有的粉丝数量比资深设计大咖还要多几倍，我们的客户绝大部分都是圈外人，所以粉丝经济、网红经济同样适用设计行业。

第二，物以稀为贵，成为当地细分业态的顶层设计师，这样可以有更多话语权和议价权。每个领域的一线设计师总会活得比较舒服，无论是淡季、旺季。据分析，占据区域前 3 名的设计师获取的资源是排名 4～6 名的 6 倍之多。所以保持进阶的动力，进入第一圈层，非常重要，这样单位时间将变得更加值钱。

第三，将设计标准化、产权化。尝试将同一份时间多次售卖。类似作家出书，成为某商业品牌的专业设计师，形成低成本高效模式，很多餐饮品牌的设计师都将设计进行标准化、模块化。标准化门店品牌形象的设计方式，虽然每个店面的体量户型都不尽相同，但设计模块完全相同。除了餐饮品牌，健身品牌、连锁教育机构、医疗机构等都可将设计模块进行复制，这样可以实现将同一份时间进行多次售卖。

第四，汇集别人的时间进行售卖，做以自我为核心的设计公司或工作室，建立团队，分工并整合。购买别人的时间再出售，节省时间做客户选择和精准客户定位。这里应该强调一点，很多设计师从原来公司跳出来自己创业做设计工作室，往往没有实现商业成功的原因在于，没有进行个人和员工时间管理，也就是说并没有建立时间分配系统。系统建立不起来，则无法有效汇集时间为己所用。

在这里，我认为设计师们都可以同时进行这 4 种方法论的尝试，不断进化自己的个人商业模式，打造鲜明个人 IP，最终实现进阶，达到财务自由的目的。不断积累自己的设计作品，宣传自己的品牌和信誉。正向积累出售时间经验，就有更多的资源和选择权，也就有了议价的能力，转变自己的个人商业模式也就容易了很多。

读到这里，你已经对设计师的商业逻辑有所了解，接近本课尾声，我还有几句话要讲。售卖时间的前提是学会用产品思维去对待设计，把时间当作一种产品，我们的商业逻辑闭环才成立。

什么是产品思维呢？就是设计的重心是以客户为主，而不是以自我为主。举例：甲方需要一个样板间设计？ A 设计师：甲方是谁？房子卖给谁？有怎样的预期？有什么资源结合？要达到怎样的效果？ B 设计师：可以做。房子多大？预算多少？对方谁来拍板合同？

A 设计师的思维更能体现产品思维。

产品思维概括来说就是从客户角度思考问题，社会上所有流通的产品都是为满足某类人的需求去解决某类问题而存在的。将设计理念实体化，使其更有目标性和指向性。

产品思维的方法有以下几个方面。

1. 共情

作为一个设计师，不仅要对项目、对设计负责，也要对使用设计的人负责，也就是要对客户负责，其次还要对客户的客户负责。如果你有较好的共情能力，也就是同理心，那么恭喜你，它将会帮你更好地做好设计。

2. 换位思考

工作时间越久，思维会越僵化，而定式思维会让我们陷入工作误区，我们很难做到换位思考，即使是成年人，也会被利己主义驱动，做出不合适的判断。换位思考的能力尤其重要，在工作中要时常训练自己，让自己学会换位思考，站在客户的角度思考问题，做他所做。

3. 取舍

作为一个优秀的设计师，必须得学会取舍，不管是做设计，还是谈客户。没有一个设计师是老少咸宜的，也没有一个设计方案是放之四海皆准的。没有最好的设计，只有最合适的设计。从需求分析开始，就是一个不断取舍的过程。

4. 逻辑性思考

做设计师的时候，原来我一直不理解什么是逻辑性思考。后来发现，做设计不从空间出发，从结果出发反推过程，这样反而能做出更正确的设计。也就是要从根本上进行推理和思考，才能解决最根本的问题。

5. 洞察力

用心观察分析并梳理概括，锻炼自己对行业的灵敏嗅觉，对设计更好地把控。洞察力会在后面有更详细的讲解。

最后，一定要用非艺术家的视角去看待设计，需要警惕的是把设计师与艺术家归于一类，这是错误且危险的。艺术家只是感性表达，而设计师是用理性思考支撑感性表达，这是本质区别。艺术家的商业逻辑即便成立也大多是被动的，而设计师的商业逻辑和商业行为一定是主动的。产品 = 体验 + 创意，只有把设计理解为产品，才能理解时间的价值。设计师可以打扮得像个艺术家，但别真把自己当成艺术家。

商业逻辑的本质是为实现客户价值最大化，通过最优实现形式满足客户需求、实现客户价值，同时使系统达成持续赢利的目标方案。思维方式的升级一定会帮助我们的设计水平进阶，有助于在正确的方向上努力，不走弯路。

▼

第四课

装是件重要的事

装的意义

IP 有支点

IP 打造需实力

装的要求

——

装是件重要的事

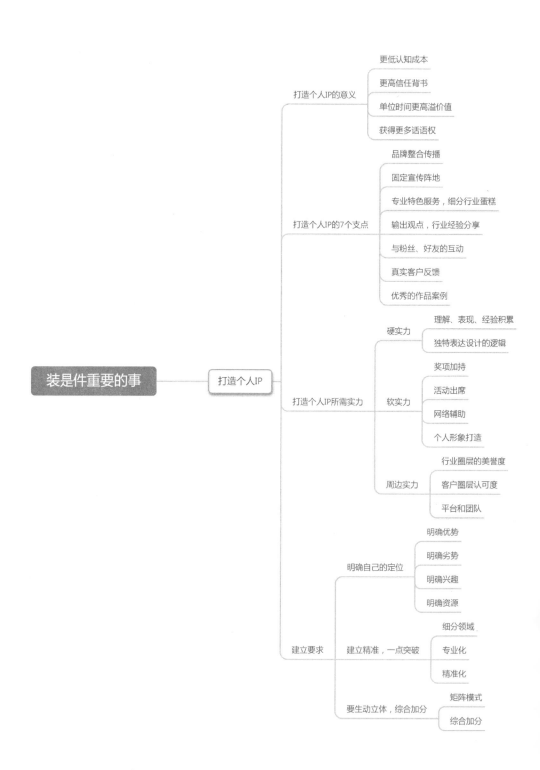

在这一课中我们将详细分析一下装这件事。什么叫装？关于这个词儿，妥妥的贬义词，形容一个人表现出超过其实力内涵的虚假状态。本来没能力非要装作有这个能力，以此博得他人的赞赏，满足虚荣心。

前段时间，"上海名媛团"上了热搜，有一名网友出于好奇花 500 块钱加入了"上海名媛的 3 群"，没看错，就是入门费 500 块钱，这个群里自称名媛的人，去丽思卡尔顿喝下午茶，但是 6 个人拼个双人餐，每人 85 块钱，三人一组地去，第一组进去不能动甜品，还得留着给第二组拍照。她们还能在丽思卡尔顿住一晚上 3000 块钱的顶级酒店，但是需要 15 个人拼团，每人 200 块钱，为了轮流穿浴袍拍照，每个人必须保证不能弄湿，影响下一个人使用。

所以这些人强装名媛到底是为了什么？就是一个字，装？

千万不要简单地理解这种行为是满足虚荣心这么简单，这里面有一个打造个人 IP 的潜台词。

的确，从古至今很多圣哲先贤不断向后人灌输一个理念，"满招损，谦受益"，不能高调，必须谦虚，必须不装。传统思想讲究不争不抢的中庸之道，总结成两个字就是低调。但是作为设计师，一直老老实实地低调做事，是否能获取应有的资源支持呢？现实往往不如人意，没有达到高段位就低调的设计师，往往被埋没掉，反倒是那些敢于表现，敢于装的，会得到更多资源。

低调没错，但是在信息多元化、爆炸化、碎片化的当下，在同质化竞争的当下，一味低调并不能换来市场的偏爱和目标客群的青睐，反而会湮没在茫茫平庸的同行中，随波逐流，很难出头。不甘平庸，这也是"上海名媛团"博出位的初衷吧。

有人说，我压根儿不是个装的人，也看不惯这种虚伪的表演。谁也不喜欢装，我们换个你喜欢的词儿，叫打造个人 IP。IP 是什么意思？ IP 是 Intellectual Property 的缩写，中文意思理解为知识财产、智慧财产，近义理解为知识产权。个人 IP 是指通过一点一滴去成长，去塑造自己，在绝对垂直的领域极度专注，形成辨识度极高的个人形象。

简单说个人 IP 是什么？通俗点儿就是人脉、流量。学名是个人影响力和个人品牌的展示，老话说得好，"人脉就是钱脉"。

这样讲是不是舒服多了，而且专业多了？有句恋爱"毒鸡汤"是这样讲的，内涵比外表要重要不假，但是外表决定了我是否要了解你的内涵。外在的标签打造，自我包装重不重要？这个问题压根儿就不用讨论，太重要了！马爸爸现在穿着很随意，这是功成名就了，在创业阶段，他是西服革履的，不然的话，门卫就把他赶走了，根本见不到孙正义。马爸爸曾说过，在没钱的时候，要努力把自己装得有钱一点儿。

我们以地球上随处可见的水资源为例来说明一下包装的重要性。水分子的结构式是 H_2O，在地球上存在量很大，可以不断循环再生，可以说水本身是免费的，但当企业将水变成了商品，在水有了包装后，它就有了不同的定位，不同的 IP，随之产生了不同的价格。

我们来看一下瓶装水企业把这种本来免费的资源进行包装后产生的结果，便宜的瓶装水，1元1瓶，批发价甚至几毛钱，怡宝能卖到2元，百岁山3元，依云能卖到16元，最贵的水，号称"水中劳斯莱斯"的日本神户矿泉水，价格是90美元。

这个问题足以让我们感到惊奇，分子结构毫无区别，都是H_2O，为何价格能差几十上百倍之多？难道在这些不同的瓶装水里面，还有什么神奇的物质来决定价格吗？答案是没有。在不同品牌的水之间，可能只有万分之一的微量元素不同而已。就是因为定位和主动包装形成了IP，进而产生了溢价值。

什么叫溢价值？简单说就是超过价值以外的价格。而品牌溢价即品牌的附加值。一个品牌的产品能比竞争品牌的卖出更高价格，称为品牌的溢价能力。比如同样的衣服，一件普通品牌衬衣在淘宝卖到500元，我们会觉得太贵了。如果这件衬衣贴上Prada的牌子，那我们立刻觉得价格一点儿不贵。这就是品牌溢价。

再举例：百岁山——水中贵族；农夫山泉——我们不生产水，我们只是大自然的搬运工；依云——来自阿尔卑斯山……。不同的Slogan产生了不同的包装效果，产生了不同的品牌定位，最终产生了不同的品牌溢价。

设计师建立个人 IP 的意义在于，
以此获得更低认知成本、更高信任背书、
单位时间更高溢价，获得更多话语权。

那作为设计师来讲，我们包装的目的和意义也在于此，你以为设计费 100 元每平方米和 2000 元每平方米的设计师水平真的相差 20 倍吗？

设计水平肯定有差距，或许是 3 ~ 5 倍，其他就是设计之外的差距，其中重要的一点，就是个人 IP 所产生的溢价值的差距。

设计师打造个人 IP 的意义在于，以此获得更低认知成本、更高信任背书、单位时间更高溢价值，获得更多话语权。

小结：一定要做有溢价值的设计师。

既然个人 IP 这么重要，下面我们来聊一下如何打造个人 IP。个人 IP 即自我营销与包装，自我营销与包装的目的，是用有效方式在目标客户群体和圈层中产生持续的影响力。明确营销的有效方式、目标客群和持续的影响力。

讲重点，打造个人 IP 的 7 个支点，个人品牌没支点造不起来，请看下页图。

明确营销的有效方式和目标客群，持续的影响力。

第一，品牌整合传播，其中关键点是多维度立体传播，包括线上和线下。建立线上的作品库和个人资讯通道，百度搜索、微信公众号、小程序、个人网站等，要学会"借力"和"留痕"。

第二，固定宣传阵地，要有适合自己的传播途径，微信朋友圈要经营维护好，微博、抖音、小红书等可以根据自己能力和精力选择性经营，一定建立自己可以通过手机传播的带作品的电子名片或者微网站。这样可以让客户的认知成本大大降低。

2020 年因为疫情影响，许多设计师线下业务总量下滑严重，而有些设计师通过线上直播或者短视频宣传获得大量订单，这就是线上宣传阵地经营的优势，宣传受众更广，力度更大。

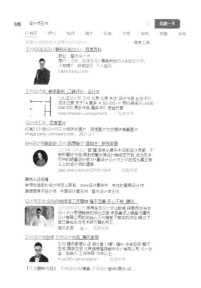

第三，专业特色服务，细分行业蛋糕，把自己最擅长的做精做深，记住一定是精而深，不是广而浅。成为某一细分市场的专家，能够在区域市场成为No.1，这个红利足够你吃得很饱。比如，主要钻研教育类项目的设计，再细分，如幼教类教育项目。再比如专做餐饮类项目，细分到特色网红餐饮空间，在300平方米左右的，从空间设计到环保要求、区域划分、安全要求等都精通。我有位朋友，10年来专做健身空间设计，作品从青涩到成熟，从小型到大型，作品从区域慢慢发展到全国各地，这就具备了鲜明的标签，业内名气渐长，设计费也逐年攀升。你的这种设计能力在区域内独树一帜，那就是"一招鲜，吃遍天"。千万别在自我介绍里面写，专业设计酒店、会所、样板间、办公、住宅、商业……统统都能做，样样通的结果就是样样松，要有舍才有得。

第四，输出观点，行业经验分享。这一点很重要，要记住一点，没有哪一位设计师是闭门造车、自娱自乐成功的。设计师这个行业注定是开放的，要不断交流分享。我很反对区域中那种不合群的设计师，把自己搞得很清高、很神秘的样子。既然选择了这个行业，就别把自己搞得跟个出世的高人一样，不参赛不交流，不活动不露面。这种清高会害了自己，因为做设计不像科研工作者。设计是围绕人展开的，设计也是做服务的生意，要在输入的同时进行高效输出，交流分享。让业内外通过你的输出更立体地认识你、认可你。输出方式可以是线下案例分享、理念交流，也可以是线上的作品分享等。

第五，与粉丝、好友的互动，产生粉丝经济。粉丝经济泛指架构在粉丝和被关注者关系之上的经营性创收行为，是一种通过提升用户黏性并以口碑营销形式获取经济利益与社会效益的商业运作模式。以前，被关注者多为明星、偶像和行业名人等，比如，在音乐产业中的粉丝购买歌星专辑、演唱会门票以及明星所喜欢或代言的商品等。现在，互联网突破了时间、空间上的束缚，粉丝经济被宽泛地应用于文化娱乐、销售商品、提供服务等多个领域。商家借助一定的平台，通过某个兴趣点聚集朋友圈、粉丝圈，给粉丝用户提供多样化、个性化的商品和服务，最终转化成消费，实现盈利。有人说，我又不是网红，哪有粉丝啊。错！我们的客户在哪里？在我们身边，在朋友圈里，或者在朋友的朋友圈里。所以对于粉丝和好友的互动很重要，我们之前多年服务过的客户，要转化成朋友，再从朋友转化成为我们的粉丝。朋友和粉丝是有区别的，粉丝是带着崇拜心理的，如何能让对方产生崇拜？答案是建立专家形象，粉丝经济一定是我们专家形象建立成功的结果。粉丝会成为我们的业务员，带来持续的人脉资源，促进我们不断进阶。

第六，真实客户反馈。客户圈层的认可度非常重要，因为个人 IP 建立的目的是在目标圈层产生持续的影响力，我们自己对自己的硬宣传不如第三方客户的软宣传好用。

第七，优秀的作品案例。成功案例、优秀作品，能够证明自己的设计能力、服务能力，尤其是获奖案例，通过奖项赋能，更能够在与平庸设计师的竞争中脱颖而出，获得客户的青睐。

这是打造个人 IP 的 7 个支点，把支点做好，我们能够让自己的品牌变得立体生动，更有战斗力。

下面从实力角度讲一下个人 IP 打造的方法。

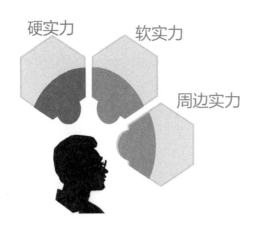

如上页图所示，实力分为硬实力、软实力和周边实力。

硬实力不必细讲，这是我们安身立命之本——以设计为核心的综合能力，这是我们吃饭的家伙，如果这方面不行，把自己包装成一朵花也没用。

网上有段子说，设计师应该懂艺术、懂审美、懂风格、懂流派，还要学会人体工程学、材料学、家具设计、景观设计、植物配置、环境心理学、施工监理、城市规划，要有思维、有创意、有观察、有理解，有施工管理能力，还需要懂量房、懂瓦工、懂木工、懂刷漆、懂封胶、懂安装、懂水电、懂风水，会沟通、会谈判、会压台、会救场、会算账、会财务、会穿衣、会化妆、会品酒、会喝茶、会插花、会唱歌、会组织、会收拾、会吹牛、会装，能熬夜、能早起、能受气、能包容，懂安全、懂法规、懂经营、懂娱乐，不路痴、受得了忙、守得住闲、还要会哄人……

专业过硬的设计实力，包括不仅限于对设计的理解、表现、经验积累，还要形成自己的一套独特表达设计的逻辑，区别于普通设计师的见解，基于自身的最佳表达方式，包括语言表达和方案表达。

关于硬实力和表达，我们举个例子来形象化。

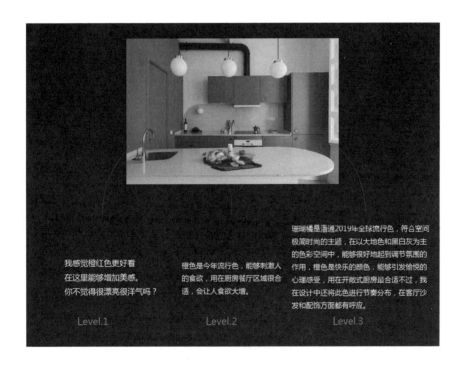

我感觉橙红色更好看
在这里能够增加美感。
你不觉得很漂亮很洋气吗？

橙色是今年流行色，能够刺激人
的食欲，用在厨房餐厅区域很合
适，会让人食欲大增。

珊瑚橘是潘通2019年全球流行色，符合空间
极简时尚的主题，在以大地色和黑白灰为主
的色彩空间中，能够很好地起到调节氛围的
作用，橙色是快乐的颜色，能够引发愉悦的
心理感受，用在开敞式厨房最合适不过，我
在设计中还将此色进行节奏分布，在客厅沙
发和配饰方面都有呼应。

Level.1　　　　　　Level.2　　　　　　Level.3

同样的方案，不同段位设计师的表达有天壤之别，可以预见，谈单结果也不一样，这就是硬实力的差距。Level.1 设计师只能浅层次表达，专业知识储备不足，经验缺乏导致表达没有深度。生活经验不足导致对话目标性差，这种段位的设计师在表达中会经常以"我感觉"和"你感觉"作为关键词。这种段位的设计师一定是最先被 Pass 掉的。

Level 2 设计师有了一定的专业知识积累，也能关注到客户的需求，但是在表达上没有形成自己独特的逻辑，创意平平，很难打动客户。

Level 3 设计师有了大量专业知识的积累，而且关注最前沿的设计动态，在表达中有对客户需求的关注，也有对方案的生动讲解，而且逻辑性强，容易让客户产生信任感。

硬实力说完，讲一下软实力。软实力包括，第一，奖项加持：有含金量的全国及国际奖项。奖项不是必需的，但是获奖是我们职业历程中成绩的见证和里程碑，是能够在众多设计师中获取客户第一波优质印象的敲门砖。荣誉背书是以获得省级、全国设计类组织的名誉为主。担任一定的设计类组织职务，更容易获得客户信任和渠道资源。

第二，活动出席：积极参与与自身价值匹配的活动，以建立正向人设。可以以输出观点或理念的方式积极参加各类设计活动，有助于树立在行业内的形象。

第三，网络辅助：可以通过微信传播个人网站，这也是降低沟通成本的重要手段。

第一印象 55387法则

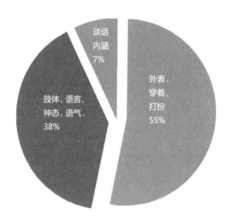

第四，个人形象打造也属于重要软实力，衣品是客户关注设计师的第一印象，在这里要讲一下 55387 法则，别人对你的第一印象取决于 55387 法则，就是 7% 的谈话内涵，38% 的肢体语言、神态、语气，而 55% 体现在外表、穿着、打扮。可见他人的判断与认识有超过一半以上的比例是从外表、穿着、打扮来的。外表、穿着、打扮是十分有力的证据，比所有的言行最能揭示信息，说明服饰是向他人表明身份的重要方式。服饰要有特色，简单来说要出位不出格。服饰代表了一个人对待世界和生活的态度，你一定听说过山本耀司钟情于黑色服饰，乔布斯喜欢黑色圆领衫配牛仔裤。

如果已经在当地成为一线设计师，那么可以向着潮牌轻奢，甚至奢侈品牌靠近。因为作为设计师，是个全能的职业，要了解很多设计以外的知识，要根据客户生活品质、身份地位来为客户量身打造。所以衣品直接决定客户觉得你是否能理解他的喜好和品位。可以在交流过程中找到很多话题，产生销售，推销自己的突破点。

可以以正装为主，这也是很多公司对设计师的着装要求，让设计师气质瞬间提升的捷径。给客户整齐、精神的好印象。即使你是个喜好非常鲜明的设计师，那么也有很多小众的品牌、潮牌凸显你的个性，哪怕帅气的机车服也是让人印象深刻的搭配。总之，人靠衣服马靠鞍，第一印象非常关键，只要干净整洁、凸显个性、提升精气神，都是不错的选择，不要输在"我在人群里不想看你一眼"。

这两位设计师，你第一眼觉得哪位更靠谱？

继续，再讲一下周边实力，周边实力指是圈层美誉度。物以类聚，人以群分；在设计方面玩品牌传播，必先深谙圈层美誉度。搞清楚消费者对应的圈层，才能对症下药，圈层美誉度对于社交营销的影响由表及里，相通相融。首先，行业圈层的美誉度很重要，可以不交朋友，但不要树敌。其次，客户圈层认可度极为重要，进入目标客户的圈层，人脉即是钱脉。再次，单打独斗永远干不过团队，有好的平台，能够更快速帮助个人 IP 成长，公司品牌的深度广度、公司品牌的影响力能够助力个人发展。

总结：第一，在塑造有价值的个人 IP 之前，首先明确自己的定位，可以试着问问自己，我有什么优势，有什么劣势，兴趣是什么，资源在哪里，从自己最擅长的方向出发不断拓展最长板，加深自己的专业标签。

以绝地重生的民族品牌李宁为例。

复兴的重要原因之一是从多点出击变为以篮球为主，重新做细分领域的王者。

从悬崖边缘实现复兴的李宁国潮就是用长板拓展实现品牌重塑、自我救赎的典型案例。2012—2016 年，国产运动品牌李宁销售业绩不断下滑，导致产生全国关店潮。究其原因是多点出击导致品牌定位模糊，无法迎合年轻新兴圈层的兴趣，目标客户大量流失。创始人李宁先生回归后，调整战略，从多点出击调整为一点突破，李宁开始走向复兴之路，2018 年的李宁国潮兴起便是绕不开的话题。2018 年年初李宁在纽约时装周一把带火，2017 年上半年收入近 40 亿，同比增长 4395%。复兴的重要原因之一是从多点出击变为以篮球为主，重新做细分领域的王者，并将此类用户群体的年轻时尚、潮流意识和大国自信的隐性需求拿捏得十分准确。

升级前后对比：

Slogan＋包装＋强化宣传——与目标客群契合，产生溢价值，提高目标市场占有率。

故宫文创的成功也是同理，从 2013 年开始故宫文创将严肃的故宫、深沉的历史、威严的皇帝，变成了萌萌的形象，一时间"奉旨出行""朕就是这样的汉子"等文创产品风靡一时，而且深受年轻人喜爱，这就是 IP 建立的典型案例。近几年，故宫文创不断推陈出新，潮品爆款层出不穷，不断尝试花式营销玩法，600 多岁的故宫终于活成了网红。

2016 年，故宫文创产品销售额已经达到 10 亿元。2017 年，故宫文创产品突破 1 万种，产品收益达 15 亿元。2018 年，相继推出 6 款国宝色口红以及"故宫美人"面膜，引发市场一片哄抢。故宫本身就是 IP，这一点想必大家已经达成共识。但是故宫原有的形象沉闷严肃，过于单一呆板。而故宫文创刷屏的案例，都是基于故宫 IP 进行的衍生，而

且发力精准，一点突破，赋予原本冰冷的历史故事以鲜活的形象。

第二，IP 建立要精准，一点突破，切忌贪多求全，切忌十八般武艺样样通但样样松。大而全不如小而精，拥有明显的专业和优势，并不断强化，这才是 IP 建立的法则。找到细分领域，表现出专业化，再找到切入点，发掘用户痛点，进行精准化服务。江小白就是典型的精准定位、一点突破的优秀案例，短短几年就崛起了一个影响全国的白酒品牌："我不是戒不了酒，而是戒不了朋友。"

情感化营销——"文艺青年"江小白。一开始的 IP 策划定位的标签，直击年轻消费群体"90 后""80 后"，很快便俘虏了一群年轻的性情中人的心。同样例子还有喜茶、熊爪咖啡等。

第三，IP 建立要生动立体，如果单一方面努力，我们可能无法成为 No.1，可以通过矩阵模式，让我们在其他方面综合加分，实现有别于平庸，脱颖而出。

关于装的 IP 建立，就聊到这里，希望大家读后结合自我现状，从当下开始认真把装这件事做好，把自我包装好，把个人 IP 建立好，尽快从一瓶普通水，变成超级网红水，等待你的好消息。

▼
第五课

签单有套路，"老司机"来带路

搞懂签单这个事

签单是如何发生的

影响签单的因素

客户到底在想啥

怎样让客户听话

——

签单有套路，『老司机』来带路

签单是检验设计师综合能力的一把尺子。谈到签单这件事，很多设计师会觉得头疼，尤其是偏技术型不擅表达的设计师，总感觉有心无力。谈单阶段挺好，客户能约到公司，交流互动也没问题，方案聊得也很好。可是每到签单时，客户就说要回去考虑，一考虑就如人间蒸发一般，杳无音信了。

这一课我们就来聊一下，如何学会签单的套路，把这件事变得可控。

搞懂签单这件事，签单不仅仅是简单的"行为艺术"，更是一种心理行为。签单表面看来是一种交易过程，就是买卖，其实背后隐含的潜台词很多。

我们要了解客户的消费心理，客户在消费不同类别产品的时候，心理状态完全不同。消费类产品分为高频低消类和低频高消类。什么是高频低消类呢？所谓高频次低消费产品，就是客户消耗速度比较快，在短时间内会重复购买的价格不高的产品。

比如牛奶、面膜、饮料、零食、服装、烟酒之类的。在高频低消这块，大家的思考时间比较短，这个思考时间，从看到产品到掏钱购买的决策时间比较短。但这种产品往往对品牌的信任度较高，忠诚度也较高。我们买油盐酱醋这样的日用品，我们往往会忠诚于某一品牌，很长时间不会换其他牌子。类似的还有香烟，这种对品牌忠诚度更高，抽习惯了某品牌，不会轻易更换。

低频高消类产品是指在大多数人的生活中，消耗周期长，频次低价格高的产品。像婚庆、买房、装修、留学、移民、买车等都是一些低频高消类行业，用户消费分散，消费频率低，购买决策期长，对品牌忠诚度不高，消费后往往不再关注，企业比较难形成品牌效应，无法打造爆品。

而且在购买此类产品或服务时，投资越大，越有风险意识，希望在购买前体验和参与。

家庭装修就属于低频高消类，而且在成交过程中方案、服务、施工、效果等都非成品不可见，多数方面需要靠想象。业主选择某家公司、某设计师在心理上是一种风险投资。那么我们就不难理解签单前客户常说的"回去考虑考虑""回去商量商量"，这其实就是一种避险情绪，即在面临大宗交易时，理性思维会让客户很警惕，害怕入坑，在此时如果没有运用合理的沟通方式，客户一旦回去考虑了，就很容易流失。

签单是一个从感性到理性又到感性的过程，
是刚性需求驱动阶段。

还有一些业内公司为了抢业务，妖魔化同行业，造成业主带着有色眼镜和怀疑心态对行业诚信度产生质疑。这种损人不利己的行为我是深恶痛绝的，经常看到有装饰公司搞活动打的旗号是"教你躲过装修中的坑"，言外之意，必须定我们公司，否则其他装饰公司都会坑你。这就是常说的搅局，这种垃圾营销手段短期或许会有效果，长期来看，卷款跑路最快的也是帮业主"躲坑"最积极的这批公司。

言归正传，我们聊第一层面问题，签单是怎样发生的？我之前讲了，装修具有低频高消的特点，客户购买的很大部分都是不可见的服务、理念，所以客户在签单前，内心十分痛苦纠结，出现风险评估心理，害怕资金受损，这是正常现象，说"回去考虑考虑"也是避险情绪，我们要了解这其中的心理学因素。

签单是一个从感性到理性又到感性的过程，在开始阶段客户对设计施工粗浅认知，是刚性需求驱动阶段，凭第一印象和圈层信息进行接触。第一阶段，大部分客户信息量有限，对行业了解不多，往往凭感觉来选择初步接触的公司和设计师。第二阶段，根据第一阶段的信息汇总，分析筛选，逐渐清晰标准，定位入选公司范围，这叫作最佳选择和最差淘汰阶段。第三阶段，在入选公司和设计师之间最终敲定，这个过程伴随感情因素，是妥协阶段，往往是冲动驱使签单。这个阶段的心理变化一定要把握好，有时

最佳选择和最差淘汰阶段，
是妥协阶段。

候我们错就错在该谈生意的时候谈了感情，该谈感情的时候又谈了生意。

我们继续分解，聊一下在签单过程前中后，影响客户签单的心理因素。第一，是最佳选择和最差淘汰心理。最佳选择心理，就是在一堆设计师里面，总是选择最好的。以找对象为例，男人总希望找一个肤白貌美大长腿，既聪明能干又温顺缠绵，既孝敬父母又温柔可爱的女孩子，如果在一堆女孩子当中有这样的，那这个肯定是他的最佳选择。但这样的女孩子有吗？没有。那只能退而求其次，在选项中去掉一两项，慢慢降低要求，直到有相互匹配的为止。男人也是这样，既要帅气又要阳刚有八块腹肌，既要有才还要有钱，既要体贴女人还要不拈花惹草，既要会干工作还要会做家务，这样的男人是最理想的对象。但这样的男人有吗？没有。那只能退而求其次，在选项中去掉一两项，慢慢降低要求，直到有相互匹配的为止。客户呢，也是这样，既要公司设计师好、质量好、服务好、品牌好，还要公司收费低、价格合理。有性价比最高的肯定首选，如果没有退而求其次。毫无疑问，无论征婚还是找设计师，第一轮 Pass 掉的肯定是又丑又懒、个人品质又差的，或者设计差、品牌小、环境差、案例差等综合评分最差的选项。

第二，品牌背书的影响。品牌背书和环境氛围对签单的影响力大不大？很大。通过品牌背书，达到对消费者先前承诺的再度强化，并与消费者建立一种可持续的、可信任的品牌关联。第一、二阶段有公司品牌背书的设计师会容易脱颖而出，而客户在进入第三阶段后，特别容易被公司的现场活动氛围引导，产生冲动型签单。

第三，客户性格的影响，不同性格客户的思维行为方式不同，设计师谈单的方法也要有所区别。

四色性格表现卡

红色性格的人，他们就是快乐的带动者。做事情的动机很大程度上是为了快乐，快乐是这些人的最大驱动力。他们积极乐观，天赋超凡，随性而又善于交际。你看到你微信里经常有人更换自己的头像，经常发朋友圈，大部分都是红色性格的人。

黄色性格，他们是最佳的行动者，他们一般都具有前瞻性和领导能力，即便遇到麻烦重重，也会第一个出手解决问题，通常有很强的责任感，决策力和自信心。意志坚强，自信，不情绪化而且非常有活力，坦率直截了当，一针见血，有非常强烈的进取心，居安思危，独立性比较强。他们控制欲强，不太能体谅他人，对行事模式不同的人缺少包容度。

蓝色性格的人的动力来源于对完美主义的追求，无论是对他人还是对自己都有很严厉的要求，内心总是希望完美的。在生活上比较严肃，思想也比较深邃，独立思考而不盲从，坚守原则，责任心强并且会遵守原则，会把事情布置得井井有条。蓝色性格的人一旦受到感情伤害的话，他们通常很难走出来，他们失恋的话通常需要很长的一段时间疗伤。

绿色性格的人，他们爱静不爱动，有平静的吸引力和温和凝聚力，最大的特点就是柔和。奉行中庸之道，为人稳定低调，做人厚道。天性是比较和善的，遇事以不变应万变，镇定自若，知足常乐。心态也比较轻松，追求平淡的幸福生活，追求简单随意的生活方式，从不发火，温和、谦和、平和，三和一体。

我们把客户性格色彩分为红、黄、蓝、绿4种颜色，用这4种不同色彩，代表不同倾向的性格特点。

红色性格的客户是天生的乐天派、自来熟，感性大于理性，重视自我感觉。往往不用设计师刻意找话题，他们就能自己聊得很嗨。这种客户会给设计师一种错觉，就是这个客户就是我的菜，肯定跑不了。但这种类型客户会轻易做出许诺，也会轻易忘记许诺。比如，看你设计得不错，差不多就定你了！诸如此类话语，千万别当真，因为他们几乎会跟所有聊得还行的设计师说这句话。对于这种类型客户，我们要快速拉近距离，找到共同兴趣，快速成为朋友。他们在签单后，觉得不错，就会成为你的粉丝，给设计师介绍周围的朋友资源。

黄色性格的客户是执行力最强的一类人，他们不服输，充满动力，追求高效。他们主观意识特别强烈，并喜欢把自己的意见强加给别人。这种类型客户会在沟通过程中，频频打断设计师来表达自己的理念。

蓝色性格的客户是完美主义者，他们的情绪波动周期很长，不会轻易说好，也不会轻易说不好。表面不动声色，内心可能把你的方案批判得稀碎。他们谨慎细致，追求完美，轻易不会许诺，一旦许诺就会全力以赴。

绿色性格的客户是包容性最强的一类人，他们温和内敛，不会轻易拒绝别人，能够听取各方意见和平衡各方观点。（如何在这4种客户面前赢得话语权，我们在第十课文末有详解。）

第四，显性需求是满足基本生活表层的刚需，隐性需求往往才是形而上的精神满足。所以，客户的隐性需求往往才是签单的痛点所在。显性需求与隐性需求的区别以及如何挖掘满足两方面需求，在之前有详细介绍。

以上谈到的是客户在签单过程中的心理活动。下面继续从设计师角度来谈一下，我们应该做些什么事情。

要明确在客户面前，设计师到底是谁？客户在签单前对设计师行业往往了解不多，造成对服务水平期望值很高，客户常常把收费低、服务好、工地常驻、随叫随到等服务员或者管家式的概念定义为好设计师的标准，会有这种偏差性心理预期。那在客户面前，设计师应该是什么身份、什么地位、什么状态呢？老黄牛、小跟班、管家、知心姐姐、家政哥哥？对不起，如果以这些角色出现，结果就是出力不讨好，丧失话语权的结果是很惨的，设计师在客户面前的存在感降低，价值削弱。

那在客户面前设计师应该是谁呢？是怎样的身份象征呢？设计虽然从广义

上来说，属于服务行业，但设计师又是专业性较强的职业。专业性强的职业有哪些呢？医生、专家、艺术家因为信息不对等，造成大众对他们的信任感较强，所以在客户面前可以是老中医、某科专家、艺术家……这些都行，唯独不能是管家和服务员，这样我们的专业价值就无从体现了。

再来问一个问题，在我们面前客户是谁？我们与客户的关系是怎样的？营销学的客户关系是指企业为达到其经营目标，主动与客户建立起的某种联系。这种联系可能是单纯的交易关系，也可能是通信联系，也可能是为客户提供一种特殊的接触机会，还可能是为双方利益而形成某种买卖合同或联盟关系。

能否积累定向资源是不断突破当下段位的关键。

客户关系具有多样性、差异性、持续性、竞争性、双赢性的特征。准确定位客户关系，它不仅仅可以为交易提供方便，节约交易成本，也可以为企业深入理解客户的需求和交流双方信息提供许多机会。

非常重要的一课是如何摆正客户与客户的关系。我们耳熟能详——"客户就是上帝"，这是一句俗语，客户究竟是不是上帝呢？完全不是。如果设计师把客户当上帝，也会死得很惨。因为上帝是用来顶礼膜拜的，永远不可能平等交流。什么时候也不能和上帝坐下喝两杯，客户成不了你的朋友，更成不了你的粉丝。所以，客户可以是你的朋友、你的同学、你的好哥们儿、好姐妹、好兄长，你的酒友、茶友、棋友……除了上帝什么都行，只有这样才能同频共振、平等交流。只有这样客户才能成为你的粉丝，才能成为你的业务员，人脉资源才能被积累起来，能否积累定向资源是不断突破当下段位的关键。

需要记住的是，同频共振、平等交流是正确客户关系的基础。

我们继续分解，在客户面前有了正确的定位，我们就要用适度表达进行沟通交流，从物理学的角度，在聊天的过程中，彼此会发出一定频率的声波，通过空气，到达对方的耳膜，让沟通对象的耳膜产生振动，去刺激他的大脑。如果传入的声波振动频率类似或相近，则会产生同频共振现象，表现

重要的是能够让他带着你的尺子去丈量世界。

为大脑思维的极度活跃，在外部看来是有倾吐的欲望的，彼此会更有沟通意愿，总结起来就是我们所谓的聊得来。所以追求同频共振现象，就是追求聊得来。把对方逐渐带入你的节奏和频道中来，并慢慢形成一种专家的权威状态，让客户能够听话。

这一点，不但对于签单重要，在后期执行阶段同样重要。

如何才能让客户听话呢？首先要明确客户所处的选择阶段，如果处在第一阶段，切忌急于求成。此阶段客户防备心理很重，过于迫切地逼单会让客户产生抵触甚至厌恶情绪。

因此在第一阶段，我们应该给予客户前期教育。

教育就是给客户一个标准，用以衡量设计工作水平高低的尺子。第一阶段，不要急于签单，重要的是能够让他带着你的尺子去丈量世界。在此，要注意两点。第一，千万别把注意力引导到价格因素上，而是要让他认同你的价值。要知道，客户要的不是便宜，而是要占了便宜。怎样才是占了便宜呢？同样的价格，价值高的是占了便宜，或者同样价值，价格低的是占了便宜，前提都是客户认同你设计的价值。第二，千万别在客户面前否定业内规则，诋毁同行，揭露内幕，这样会把客户教育成一个"杠精"。客户

千万别把注意力引导到价格因素上，而是要让他认同你的价值。

一旦被教育成了"杠精"，怀疑一切、否定一切，那么即便你成功签单，后续也会麻烦不断。很多设计师抱怨客户不配合、不信任，先反思一下自己，前期教育的时候是否给客户灌输了错误的理念呢？

让我们再深入一个层面进行分析。我经常听设计师朋友说，客户不听话，好难搞啊！我们就来分析一下客户为什么不听话。客户不听话的原因总结大概有这几点，因为你的话没有击中痛点，因为客户不信任你，因为他不是你的"菜"，你也不是他的"菜"，因为你的话不带感，因为你的话没有感染力。逐条解析，带感别想歪，带感指的是代入感。描述方案要有场景化语言，切忌平铺直叙，毫无感情。什么叫场景化语言？

举个例子，再讲一下江小白，江小白善于挖掘人性，将人使用酒的各种场景、情感通过江小白这个卡通人物充分体现，尤其是文案特别走心，符合目标客户的心理。在内容上，江小白的文案主要是关于青春、理想、爱情、朋友、生活、家、自我等方面的经历和想法以及价值观。

千万别在客户面前否定业内规则，
诋毁同行，揭露内幕，
这样会把客户教育成一个"杠精"。

在情绪塑造上，通过场景渲染一种悲凉的气氛，并且把这种气氛传达给客户，让目标客户的情绪一落千丈，跌落到谷底，产生借酒浇愁或者借酒表达的效果。在辅助工具上，江小白洞察了让目标客户容易产生很悲凉、很伤心、很失落的情绪的事件或者经历，让绝大多数人在江小白塑造的场景中产生共鸣，有共鸣就听话咯。

还有喜茶，每次推出一个新的联名款总能让顾客排队一千米，甚至还出现了黄牛倒卖的情况，为什么顾客这么听话？除了它的口味以外，对年轻客群的精准把握才是取胜的王道，坚持高颜值，激发年轻消费者转发欲望。高大上的描述——芝士奶茶盖，由于现在的年轻消费群体都爱高品质，并且有猎奇心态。跨界营销联名款，立体塑造喜茶形象，俘获更多高端客群。

再举个例子，雪碧大家都喝过，它的广告我们也都看过，你会发现没有一条雪碧广告是直接说雪碧味道有多好喝、多甜、多解渴、多健康的，也没有一条说雪碧多么物美价廉、超级优惠的。

你还记得，这瓶饮料的广告内容是什么吗？

你会发现，无论"杰伦版"还是"热巴版"，都在描述一个场景，而不是产品本身，场景描述让客户产生共情，再看到这瓶单调的饮料时会产生定向联想，这样这瓶饮料的价值就不单纯是解渴这么简单，它有了某种特定的指向意义。而且，雪碧多年来的代言人总是精准锁定目标客群的眼球，场景描述也非常定向，音乐、运动、年轻、沙滩、动感、性感，这些关键词足以产生化学反应。

这样再次有类似场景在客户生活中出现的时候，我们就会不自觉地与喝雪碧联系起来了。

这就是场景化语言的魅力，能化平淡为神奇。所以在讲方案的时候，一定要场景化描述，切忌平铺直叙。呆板地说，

这是客厅，这是电视背景墙，我给您设计了这样的格局……这是卧室，这里有一组 2 米 ×2.4 米的大衣柜，对面是梳妆台……客户心想，我又不瞎，给我讲这些有毛用啊！

细节能引发共情——情感共鸣，有了情感，事情就好办。

回忆一下《舌尖上的中国》的拍摄技巧，通过关注并放大细节，注重场景营造，让我们感同身受，引发情感共鸣。

除了画面的细节，还有更加走心的文字，配合厚重而亲切的讲解，让我们产生身临其境的感觉，多少次在深夜看得食欲大增，我们来重温一段：

"在吃的法则里，风味重于一切。从来没有把自己束缚在一张乏味的食品清单上。人们怀着对食物的理解，在不断的尝试中寻求着转化的灵感。

所有这些充满想象力的转化，它们所打造出的风味和对营养的升华令人叹为观止；并且形成了一种叫作文化的部分，得以传承。时间是食物的挚友，时间也是食物的死敌。

曾有学者推论，人类的历史都是在嗅着盐的味道前行。这是盐的味道，山的味道，风的味道，阳光的味道，也是时间的味道，人情的味道。这些味道，已经在漫长的时光中和故土、乡亲、念旧、勤俭、坚忍等情感和信念混合在一起，才下舌尖，又上心间，让我们几乎分不清哪一个是滋味，哪一种是情怀。"

这种表达直指内心，让观众有种强烈的沉浸感，极容易引发情感共鸣。

再举一个更简单的例子，有两个鸡蛋摆在我们面前，你会选哪一个？

我知道它们长得一样，所以如果局限在二选一，左或右的概率应该各占50%，但如果我加上一点儿描述，让它们产生微妙的差别之后呢？

现在你会怎么选？就因为加了两个字，"跑山"，让我们产生了场景化联想，进而影响了我们的选择。

在餐厅点餐，菜谱上面写，生鱼片98元每份和白令海峡深海生鱼片98元每份，大多数人一定选后者，因为后者有场景、

有细节、有画面感。

下面再举个更直接的例子，对于某一张效果图的表达，平淡表达和场景化表达差距有多大，如下图。

正常且平庸的表达：这是当下最流行的极简风格，总体简约不简单，用石材作为沙发背景墙，有生活质感，餐厅顶面用木质体现与橱柜和地面呼应。总体大气简约，动静分离，通透。

加入细节和场景化描述：方案采用意式极简风格，这种风格能够体现出优雅生活的品质感，大气冷峻，与您气质符合。沙发背景墙采用爵士白岩板凹凸拼贴，有硬朗的质感，与旁边纵向线条护墙板产生对比，当午后阳光照在石材上面，光线慢慢走过线条，会产生优雅生动的生活品质感，这时候您和爱人在沙发上品茶聊天，舒缓的背景音乐响起，这就是生活烟火气。

再来一幅。

正常且平庸的表达：客厅用蓝灰色布艺沙发，感觉宽大舒适，墙面的大面积白色会让空间更开阔，背景墙采用壁炉设计，显得简洁中有温暖感。

加入细节和场景化描述：家，是疲倦之后的温暖港湾，也是一个走在任何角落里都能够随意发呆的地方。在被留白填满的居室里，每一个物件都饱含着热烈的情感。客厅家具采用折角沙发，并配以现代风格的高级家具，华而不奢。顶部吊灯为装饰，不设置主光源，利用 LED 射灯和吊灯来营造均匀舒适的采光。在这样的空间中，可以慵懒地休憩，可以放松地聊天，可以看窗外四季变化。元素不多，但足够质感。

对比一下，同样效果，因为表达不同所产生的情感变化也不同，客户对于静态图片的感受度比较低，需要配合表达让他产生情感，这里记住两个关键词：细节化、场景化。

表达的独特性会提高设计师在客户心目中的专业形象，当然对待不同性格色彩的客户，我们要用不同的方式进行沟通。前面讲过客户性格可以用红、黄、蓝、绿来进行分类，这是一种能提高签单效率的分类方式。有人会说，性格这东西千人千面，怎么能用 4 种色彩定义所有人呢？没错，每个人的性格都有独特且复杂性，但统筹归纳就是将复杂无序的事物变得规律有序。

人的性格有多面性、双重性甚至矛盾性，我们将复杂性格中最明显的表现部分作为主要分析面，以此来梳理性格特点及应对策略。抓住主要性格特点，找出规律，在洽谈中就会有章可循，提高效率。

前文说过，红色性格的客户喜欢广交朋友，但说话时不假思索，不管对任何事物有没有认识，他们总喜欢评头论足，轻易做出许诺，但一般很难兑现。红色性格的解决方案是，一定要满足他们爱说话的习惯，要对他们的发言给予肯定并欣赏，给他们设计一些新鲜的东西，或采用一些新的工艺与材料。经常与他们联系，一起吃饭、逛街、选材，就能迅速增进双方的感情，取得他们的信任。签单概率会大大增加。签单后继续维护好，经常保持沟通，就能为自己带来很多新客户。

黄色性格的客户往往有自己的见解，要求服务必须严格按照他的设定去做。在产品选择上，他们更关注于实用，对功能性的要求比较高，不喜欢很花哨的东西，对一些特别新颖的方案也不太容易接受。黄色性格的解决方案是，满足他们的领导欲，要学会聆听，高效理解领会。不要轻易与他们反驳，但当有十足把握的时候，要据理力争，掌握话语权。他们虽然对自己超级自信，但是在专业能力强的设计师面前，往往会产生一种"英雄相惜"的情绪，这样更有利于签单。前提是我们要高效完成方案汇报的前期准备工作，包括方案本身、谈判话术、场景布置、谈单人员、洽谈工具等。

蓝色性格的客户不会轻易告诉你他的想法，除非你真正能打动他们，精准定位他们的需求。他们会联系多家公司进行对比，最常用的选择方案就是最佳选择或最差淘汰。与他们谈单往往是"持久战"。他们不会轻易为你介绍客户，以免因介绍失误而给自己带来很多麻烦。蓝色性格的解决方案是，对待蓝色性格的客户，一定要展现细节的力量，让他们感觉你是一个很重视细节的设计师，而且比他们还要完美主义。因为他们属于很情绪化的人，对待他们不喜欢的人，他们会不屑与之交往。各项工作都要提醒自己，细节、细节、细节。同时不要急于求成，要给他们一个选择与对比的时间。因为他们不会轻易与别人签单，只要做好细节展示，他们必签无疑。

绿色性格的客户情绪内敛，是处世低调的乐天派，总是能够充满耐心地应对那些复杂多变的局面。习惯遵守既定的游戏规则，在风暴中能保持冷静，缺点是没有主见，不愿负责，缺乏热情。绿色性格的解决方案是，要积极联系，主动把握，因为他们至少不会直接拒绝你，愿意去你那里看一看。在平时联系时，不断提出实用的建议，让他们感觉你一直在用心思考方案。直到让他们觉得不好意思拒绝你了，就会签单。对待绿色性格的客户采取死缠烂打的方式，他们不但不会烦，反而会不好意思。

让我们继续思考，想让客户对设计师产生信任，最终签单的另一个重点是设计师是否了解客户的痛点，方案能否击中客户的痛点。经常听到痛点这

痛点即机会，
准确找到痛点比做好设计还重要。

个词，那什么是痛点呢？一定是让客户在产生签单行为前最难受的地方，可以是方案中的难点，也可以是性价比问题，也可以是施工工艺、材料环保问题等。在大部分时候客户不会明确表达痛点，甚至没有明确意识到。但是要记住一点——痛点即机会，准确找到痛点比做好设计还重要。

在本课的最后说几句，第一，我们要保持清醒头脑，签单其实并不是目的，签目标单才是我们的目的，即学会 Pass 非目标客户，把美好时间用在懂你的客户身上，在目标圈层产生持续的影响力，这是设计师始终要坚持的思维。第二，坚持做细分市场的专业设计师，坚持学会目标圈层认可的表达逻辑，坚持做话语权主导者，坚持做目标客户的爸爸，如何做客户的爸爸，我们将会在下一课中详细分解。

祝大家签单愉快！

▼

第六课

甲方是爸爸？ No！要做甲方的爸爸

甲方为啥不听话

话语权如何主导

想让甲方听话，你得有套路

套路加实力，才能当爸爸

——

甲方是爸爸？

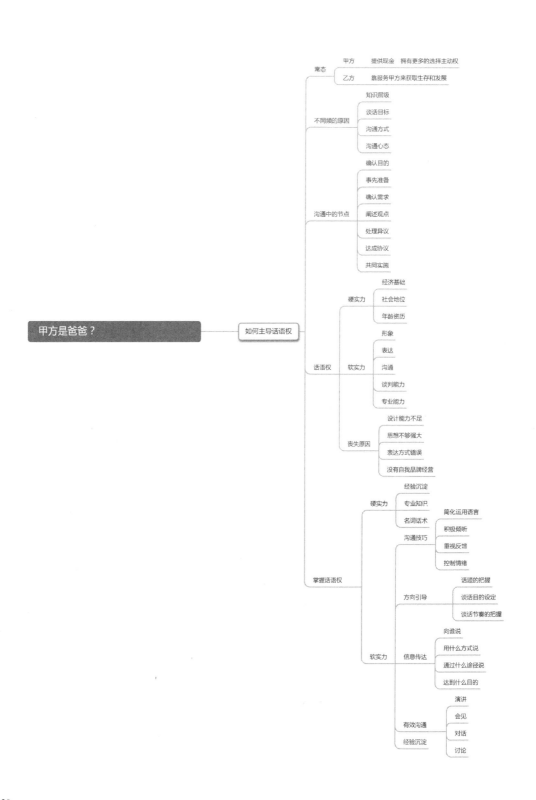

甲方是爸爸？

如何主导话语权

常态
　甲方　提供现金　拥有更多的选择主动权
　乙方　靠服务甲方来获取生存和发展

不同频的原因
　知识层级
　谈话目标
　沟通方式
　沟通心态

沟通中的节点
　确认目的
　事先准备
　确认需求
　阐述观点
　处理异议
　达成协议
　共同实施

话语权
　硬实力
　　经济基础
　　社会地位
　　年龄资历
　软实力
　　形象
　　表达
　　沟通
　　谈判能力
　　专业能力
　丧失原因
　　设计能力不足
　　思想不够强大
　　表达方式错误
　　没有自我品牌经营

掌握话语权
　硬实力
　　经验沉淀
　　专业知识
　　名词话术
　软实力
　　沟通技巧
　　　简化运用语言
　　　积极倾听
　　　重视反馈
　　　控制情绪
　　方向引导
　　　话题的把握
　　　谈话目的的设定
　　　谈话节奏的把握
　　信息传达
　　　向谁说
　　　用什么方式说
　　　通过什么途径说
　　　达到什么目的
　　有效沟通
　　　演讲
　　　会见
　　　对话
　　　讨论
　　经验沉淀

这一课我们讲一下关于谁是爸爸的问题。肯定有人要问了，老刘，为什么要讲"伦理梗"？ No，要讲的并不是生理学的问题，也不是伦理学的问题，这是商业和心理学的问题。我们在此讲到的爸爸是乙方的一种自嘲。因为乙方提供的是服务，甲方提供的是现金。乙方靠服务甲方来获取生存和发展的本钱，因此甲方的体验和选择就变得特别重要。从交易的源头上，甲方的预算会受到许多个乙方的竞争，因此甲方天生拥有更多的选择主动权。

甲方指提出目标的一方，是合同的主导方，在合同拟订过程中主要是提出要实现什么目标。甲方一般是出资方或投资方，也就是经营的主体，处于主导地位，以出资方作为市场的主体或主导为甲方市场。

为什么我们会称呼甲方为爸爸？因为爸爸既给你糖吃，又经常"打"你。你仔细品品是不是这个意思？甲方实在是我们的"衣食父母"，让我们不得不爱，但有时候甲方的行为又让我们"生不如死"。

有副对联说甲方，上联：一天晚上两个甲方三更半夜四处催图只好周五加班到周六早上七点画好八点传完九点上床睡觉十分痛苦。

下联：十点才过九分甲方八个短信七个电话居然要六处调整五张图纸四小时交三个文本两天周末只睡一个小时。

横批：用原来的。

甲方爸爸说："我要CAD图纸，不是DWG格式的！"

甲方爸爸说："这个黑色不好看，我想要'五彩斑斓的黑'！"

甲方爸爸说："明天上班前把邮件发我邮箱，不要发E-mail。"

甲方爸爸说："能不能把这七八种风格结合一下？"

甲方说这些话的时候，我们并不能反驳，因为你和他不在一个频道，甚至不知道如何开口，满怀愤懑压抑，同时还要一脸悦色地点头称是，我相信这样的"名场面"大部分设计师都经历过，而且有不少兄弟姐妹深受其害。不同频的原因在于，对话双方就本话题的知识层级、谈话目标、沟通方式以及沟通心态都有较大差距。

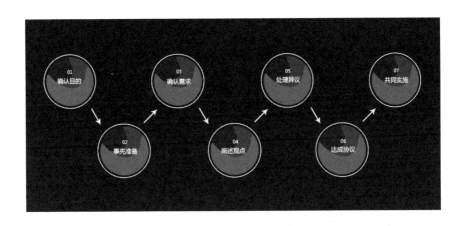

看一下上图,这是从项目洽谈到达成协议过程中的节点,从确认目的、事先准备、确认需求、阐述观点、处理异议、达成协议到共同实施,会发现每一个节点,我们都需要与甲方进行沟通协商,而在整个过程中对话语权的掌控及争夺显得尤为重要。很显然,谁拥有了话语权,谁就是爸爸。

什么是话语权?仅从字面上去理解,就是个人说话和发言的资格和权利。话语权往往同人们争取经济、政治、文化、社会地位和权益的话语表达密切相关。话语权通常由硬实力和软实力决定。硬实力由经济基础、社会地位、年龄资历等因素决定,软实力由形象、表达、沟通、谈判能力和专业

能力等因素决定。个人只有通过增强自身的话语权，才能为自己博取地位和经济利益等有利的东西。

如果在设计—签单—执行过程中丧失了话语权，即便能够签单成功，在执行阶段也会问题频发，过程煎熬，结果往往不尽如人意。

那么话语权是如何丧失的呢？有以下几个方面。第一，是设计能力不足，对自己的方案没有足够信心；第二，是思想不够强大，不能坚持己见；第三，表达方式错误，不能用有效的逻辑表达方案优势，切中对方需求；第四，没有自我品牌经营，被客户质疑专业性。

在现实中，如果设计师的设计方案因多方角色的意见而不断改变，长久下去会让设计师失去信心和成就感，对话语权的掌控失去自信，从而逐渐丧失作为设计师思考的能力，最后一直沦为被动执行者直至脱离设计师这个职业。很多设计师的瓶颈期和迷茫期的苦恼就来源于此。

沟通的专业度和节奏把握是夺得话语权的基础，在确定方案的初期阶段要清楚的是，甲方是凭自己的感觉在聊设计，设计师如果也在凭感觉聊设计，那就麻烦了。对话中最常出现的就是"我感觉……""我认为……""我觉得……"，在此类场景中，甲方/客户的地位一定会占据上风。因为设计师无法用专业知识来把控对话，仅仅凭感性思维聊方案，所以这样设计师就会沦为执行者。

执行者是在任务或者事件中进行具体操作执行的人，为什么我要用"沦为"这个词呢？虽然"执行者"这个词本身没有立场，不含有贬义，但是设计师应该给人一个专业的、高端的、令人信任的形象。设计师负责引导客户的设计观，提升客户的审美水平，帮助客户做出正确的选择，是掌握话语权的人，而不应该是执行者。

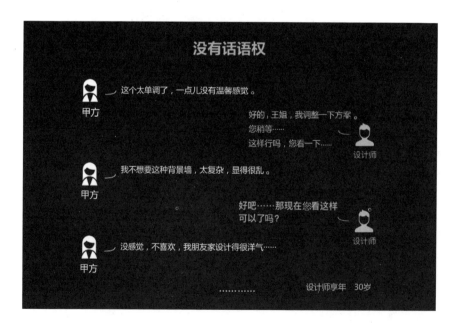

那么，关键问题来了，我们知道了丧失话语权带来的后果很惨痛，那么如何争夺话语权并掌握话语权呢？

经验沉淀不是经验重复。

做话语权的掌握者,同样必须具备软硬两方面的实力,硬实力包括经验沉淀、专业知识、名词话术。软实力主要是沟通技巧,包括话题的方向引导、信息传达、有效沟通评估三方面。所谓沟通技巧,是指人利用文字语言以及肢体语言、手段等与他人进行交流并使用的技巧。沟通技巧涉及许多方面,如简化运用语言、积极倾听、重视反馈、控制情绪等。

虽然拥有沟通技巧并不意味着就能成为一个有效的设计师,但缺乏沟通技巧会使设计师遇到许多麻烦和障碍。方向引导是指在沟通中对于话题的把握,对于谈话目的的设定以及对于谈话节奏的把握。信息传达是指人们通过声音、文字或图像相互沟通消息。信息传达研究的是向谁说,用什么方式说,通过什么途径说,达到什么目的。在设计师与客户沟通中信息传达就是用特定的方式去影响客户的心理状态,使其对设计师产生信任。有效沟通,是设计师通过听、说、读、画等手段,通过演讲、会见、对话、讨论等方式将思维准确、恰当地表达出来,以促使对方更好地接受。

我们要求设计师在自己的专业领域需要有一定的经验沉淀,注意,经验沉淀不是经验重复,这种积累一定是有独特性、有创新性、有专业度的,这样才能让听者觉得有理有据,从而产生信任。

设计师在接到业务需求的第一时间不是动手就做,而是应该先对业务背景进行分析，挖掘业务背后的真正诉求，看清本质，推敲商业假设是否成立，再利用自己的专业能力最大化地将其转化为可执行的工作，而这些就需要设计师有一定的经验沉淀才能够做到。

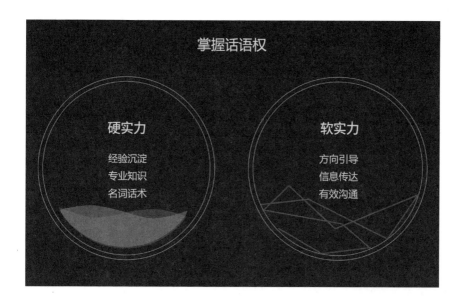

还要知道，做设计更多的不是在设计本身，而是在分析客户上面。中国的"兵圣"孙子就提出一个概念：知己知彼，百战不殆。打仗需要对敌人进行全方面了解，避其实击其虚，出其不意攻其不备。商业活动也是这样，我们可以把客户当成我们的敌人，不过战胜敌人的方式，不是打倒他们，而是征服他们。征服客户的前提是你能充分把握客户的需求，包括显性需求和隐性需求，挖掘并满足他们的需求，尤其是他们最需要、最渴望、最必需而且没意识到的需求。

我们所说的表达方式、沟通方式不仅仅指的是语言表达，方案表达同样重要。在方案布局中的独特视角和对需求的挖掘是体现专业度的最直接方法。

举个例子：甲方刘先生一家，夫妻均36岁；一儿一女分别为6岁和2岁，老人偶尔来住，要求有书房。

看完原始户型图，我们会发现这个户型结构基本能够满足客户的显性需求，整体空间比较方正，功能区也明确，需要我们挖掘在显性需求以下的隐性需求，并满足使用功能以上的视觉艺术化需求。下面 3 位设计师做的不同方案，列位请上眼。

第一个方案，平面方案表现方式比较国际范儿，平面布局就会引人注目，会与大部分设计师的设计有所区别，客户的第一印象会很好。以孩子为中心的设计理念，也会给客户留下深刻印象。在方案中孩子的居住、学习、

收纳都在儿童房得到了很好解决，同时将书房设置成半开敞的多功能区，视觉通透性非常强，弱化了客厅的娱乐功能，增加了阅读的氛围。入户门厅和儿童房之间还设计了一个穿凿的小景观，增加了空间的流动性和趣味性。餐厅和客厅互动性较好，整体家庭氛围做得很足，但是缺点也很明确。第一，因为书房的大胆设计，导致老人来住的时候私密性不够，可能会影响休息；第二，厨房略显小，餐厅与厨房动线过长。总体来讲，这个方案个性鲜明，大胆有创意，足够引起客户关注。

继续来看第二个方案。

布局方案采用手绘表现方式，黑白灰对比视觉冲击力强，给人专业且驾轻就熟的感觉。方案设计较为中规中矩，基本沿用了原有户型的结构，没做过多改动，只是把主卧放在上方做了一个小套房，给了主卧一个小型衣帽间。把两个孩子的卧室进行了区分，考虑到了 5 年以后，孩子对于独立空间的需求。当老人来住的时候，小女儿可以和父母一起住。书房和客厅有交流，半开敞设计。整体这个方案开阔，动静分离，考虑到家庭成员当下和未来的需求。缺点是右上卧室空间稍显局促，距离公共卫生间动线过长，书房处在动线密集区域，不利于专心阅读。总体较为平庸，客户看到的大部分方案可能都类似这种。

第三个方案，电脑制图，做了彩平效果。客厅做了反向设计，大气通透。将主卧设置成双进双出，内部空间考虑了小女儿的床，满足了衣帽间需求，主卫设置淋浴和浴缸。阅读区放在右上榻榻米卧室，同时也是老人偶尔来住的合适空间，儿童房设置上下床，充分考虑学习区和活动区需要。同时儿童房使用客卫非常便捷。餐厅空间充足，圆形餐桌很好地聚合家庭成员，形成良好氛围，和厨房动线便利，半开敞式厨房能满足需要。总体设计新颖合理，充分满足了各家庭成员的需求，并深度挖掘了隐性需求，略有不足是厨房面积稍小，瑕不掩瑜。

横向比较 3 个方案，我们会发现，方案不仅仅要好看，更要好用。而且要有独特的表现力，好的方案能够传达优质内容，能够体现设计师的专业度，能够关注显性需求，深度挖掘隐性需求，有独特视角的方案能够脱颖而出，再结合个性化表达，就能够形成有标签的设计，这样完全能够打动客户，并且会在话语权争夺中立于不败之地。

个性化表达还要注意的问题是名词术语的运用，掌握好专业名词，用得恰到好处，会在甲方心目中树立起专家形象，并博得客户的认可和信任，这也是体现自己独特设计逻辑思维的方式之一。看以下两个实例。

缺乏专业度的直白表达会让客户产生质疑，会继续和你在问题上进行争论，而争论的过程往往就是话语权开始丧失的过程。

不难看出 3 个段位设计师的差距，他们对话语权的掌控力一目了然。

1. Level 1 设计师
这类设计师看到的仅仅只是属于表现层面的东西，而且所阐述的观点并没有相关的依据，只是通过视觉和感觉作为分析判断设计的依据，这样的设计师一定会丧失话语权，沦为执行者。

我感觉橙红色更好看
在这里能够增加美感。
你不觉得很漂亮很洋气吗？

橙色是今年流行色，能够刺激人
的食欲，用在厨房餐厅区域很合
适，会让人食欲大增。

珊瑚橘是潘通2019年全球流行色，符合空间
极简时尚的主题，在以大地色和黑白灰为主
的色彩空间中，能够很好地起到调节氛围的
作用，橙色是快乐的颜色，能够引发愉悦的
心理感受，用在开放式厨房最合适不过，我
在设计中还将此色进行节奏分布，在客厅沙
发和配饰方面都有呼应。

Level.1   Level.2   Level.3

2. Level 2 设计师

这类设计师有了一定的基础理论知识，所以在一些阐述上具备了一定的说服力，也具备了一些用户的行为意识。但是这样还是不够的，没有更深度地挖掘设计背后的意义、目的和价值等因素，注意力还是仅仅停留在表现层面。

3. Level 3 设计师

这类设计师除了具备专业的设计知识以外，还具备了生活方式、商业逻辑等知识，能看到设计背后的客户需求和痛点，能从根本上抓准问题的关键所在，从而瞄准核心，从根本上去提出问题，也能从大环境找准自己的定位，并且为客户的生活方式、商业逻辑出谋划策，做出真正意义上解决问题的好设计，这样的设计师才能牢牢掌握话语权，成为客户的爸爸。

作为优秀的设计师，是需要用经验和专业去帮助甲方解决问题的。首先，要准确挖掘需求，才能提出最有效的解决方案。其次，阐述设计的视角要独特，形成自己独特的设计逻辑，要与平庸设计师有本质区别，形成自己的标签。

这一课写了很多内容，也举了很多例子，期望把所思所想完完整整地表达出来，也希望各位小伙伴能通过本课的学习有诸多收获，总结起来就是，一名优秀的设计师要想变成甲方的爸爸，自身需要具备，设计专业知识、客户分析能力、恰当而独特的表达方式、对隐性需求的精准判断力以及对客户痛点的敏锐洞察力。

最后，甲方爸爸所说的"五彩斑斓的黑"是这样的。

第七课

朋友圈人设

圈里人设的意义

打造的着力点

有些东西不要发

有些东西可多发

打造人设的重点

朋友圈内容占比很重要

——

朋友圈人设建立方法

开头先不聊设计，聊点娱乐圈的事情。近几年娱乐圈经常会有大瓜爆出，如多年前的"艳照门"，几年前的某星吸毒，某女星"洗头门"，2020年初，男星罗某某被女友爆出恋爱期间多次多地花式出轨，被称为"时间管理大师"，令吃瓜群众三观尽毁，多年的人设瞬间崩塌。当然本书是设计类图书，很显然不是搞综艺八卦的，这个话题是为了引出我们今天的主题——人设。

在热搜榜上，我们能经常看到某个明星的人设塌了，综艺真人秀都是有"剧本"的这样的新闻。面对这些新闻，我们一般人都会有娱乐圈太假了，都在欺骗观众感情，一点儿都不真诚的感觉。其实，在我们日常的人际交往中，不管是明星还是普通大众，都有一个由自己创建和维护的人设。比如，你不会把所有事情和想法都发在朋友圈中，而是会挑一些特定内容发，来体现你的某一方面或者某几方面的价值观和品性。

先来讲讲什么是人设？人设即人物设定，原意是指"二次元"世界中的漫画人物形象，也用指明星等公众人物刻意塑造的形象。现在指每个人在外界面前塑造的形象和标签。人设被认为是迅速圈粉，吸引受众的道具。这种形象与本体可以是高度符合的，也可以完全不符。完全不符的人设，如不认真维护可能会暴露本质，即所说的人设崩塌。

我们今天要讲的朋友圈人设，指的是微信朋友圈的人物设定，即线上朋友

圈的个人形象管理。

为何非要强调建立微信朋友圈的人设？说说朋友圈，微博、抖音、小红书不是每个人都有账号的，而朋友圈完美覆盖老、中、青、少年，年龄跨度大，用户群体广，谁都离不开。所以微信朋友圈是个重要的阵地，有我们工作、生活圈子里的所有人。

而我们今天所说的朋友圈又不单指微信朋友圈，在这里泛指所有带有社交功能的、有我们线下潜在客户的社交 APP。

朋友圈人设就是线上的你，是"三次元"的代言人。

我们需要人设吗？太需要了，无论是谁。

不过人设在如今的互联网语境里，带上了些伪装的味道，比如一个词"人设崩塌"。但这说明了人设是带有贬义色彩的吗？我看未必，其实你看看它的近义词——"印象""定位""标签"就知道，这其实是个中立性质的名词。其实不仅仅是在线上，人设也应用在线下。

那么人设有哪些作用？在职场上或校园里，我们擅长将某人和某事或某些特征捆绑在一起，形成对 TA 的印象。 在职场上，当公司 HR 招聘时，根据简历和你的口述，摘取部分标签，形成对你的看法，分配相关的职位和工作。 在网络上，网友们因为你的某些内容而关注了你，他们期待你产出能满足他们的内容。在生活中，当与客户见面时，通过外在形象和动作话语勾勒出自己的形象人设，再通过后续的语言和行为来完善、深化这个形象。

建立人设的意义是什么呢？可以实现个人品牌差异化，可以产生快速传播力，可以与目标客户产生同频共振。

总结一下，有以下四点。第一，能够与目标客户产生契合。客户初步了解设计师往往就是从加微信看朋友圈开始的，给客户留下一个专家的印象，并且设计理念和价值观得到客户认可，这样就能够吸引到目标客户。

第二，朋友圈人设是打造个人 IP 的第一步，我们讲过个人 IP 的重要性，而人设则是个人 IP 建立的基础。

虽然朋友圈是自己的，
但传递的信息是给别人的印象。

第三，良好人设能够减少客户认知成本，要知道当下客户认知设计师的成本有多高，尤其对于处在成长期的设计师，一个精准客户信息可能价值过万。

第四，成功的人设，能够提高设计师进阶的效率，使其少走弯路，成长更快。

综上可以说，朋友圈的自我人物设定、自我形象管理非常重要，事关成长发展。遗憾的是很多设计师非常不重视朋友圈，要么不发，要么乱发。有把朋友圈当成日记的，今天吃的啥、买的啥都发出来，有把对生活不满一股脑发泄在朋友圈的，一打开就是满腹牢骚，还有疯狂晒娃的，秀恩爱"撒狗粮"的……这些做法都不恰当，要知道虽然朋友圈是自己的，但传递的信息是给别人的印象。

有调查说，每个人朋友圈里必然会有"7个人"：走上人生巅峰的微商选手、不断燃烧热量的健身达人、每日精进的读书达人、晒娃狂魔之宝妈、空中飞人社会精英、大漠雪山户外高人、明媚午后文艺小资。看看你的朋友圈里有没有。

那么我们应该如何营造朋友圈人设呢？设计师的朋友圈人设营造，主要是下面3个点。第一，让人印象深刻，产生记忆的点。

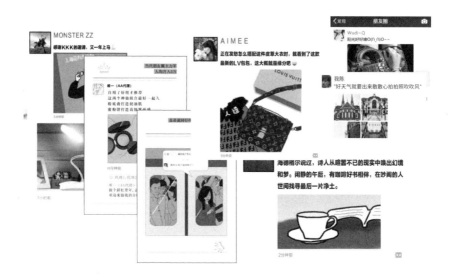

第二， 你发布的信息是否能够帮助到对方。

第三， 是否能产生与外界的互动。

下面我们从设计师的角度来分析这 3 个点。让人印象深刻的点，即记忆点。我们习惯将人标签化，用一个标签来对某个人进行记忆。

明星们深谙这一点，纷纷据此创造了各种各样的标签人设，比如"暖男""高冷""帅大叔""演技派"等，让你容易记得。所以要想别人记住你的人设，最好特立独行，或者稍带夸张，过于平庸的后果就是无人提起。

什么可以构成我们的初步人设？

身份：名校出身，当地知名设计师，做过某个标志性案例，获得全国设计大奖，手绘超牛……

性格：暖男，执着，完美主义，对专业酷爱……

地域：米兰理工深造，美国考察，英国游学，日本见闻……

生活状态：单身 / 已婚，爱宠物，喜欢自驾，红酒、雪茄专家……

接下来则是寻找内容干货、内容形式，比如短视频、文字、图文、公众号……

内容领域：设计案例，流行风格，家居品牌，游学经历……

内容定位：描述，评价，指南，安利……

内容特色：深度，专业，新鲜，争议，时效……

你看从这几个方面，我们就会让人设变得立体生动。立体生动是关键词，划出来要考的。立体生动指的是个人形象的全面性与综合指数。我们看电影中有的角色塑造形象单薄，高、大、全，不食人间烟火，像抗日神剧那种，就是太假不真实。有的设计师虽然不乱发朋友圈，但每天都在转大师作品和优秀案例，这样也是单薄的。我们作为设计师要塑造"有血、有肉、有情怀"的形象，让客户产生共鸣。

那在朋友圈里该干点儿啥，又不该干啥呢？

第一，不要广告轰炸，有的营销型公司设计师一发就是广告刷屏，客户的确能通过你的刷屏获得微弱的信息，但是更多人对刷屏行为深恶痛绝，你把微弱影响力不完整地传达给某些客户的同时，有可能失去更多客户，这样做得不偿失。这种套路可能在三五年前还可以一用，但在当下的情况，每个人朋友圈的人数众多，当划到这种刷屏广告的时候，第一件事就是想办法把它屏蔽，甚至拉黑。

信息传达的有效性和精准性是我

们在做朋友圈宣传时先要考虑的事情。因为我们不单单是在传达信息，同时也在输出我们的价值观。如果这个信息很 Low，观者也会认为发朋友圈的人很 Low。

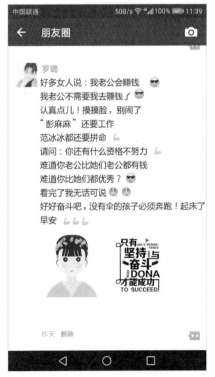

第二，不要发负能量的语言和图片。这种负面信息会传递一种失败者的情绪，让人感觉你是一个心理阴暗的失败者。谁都愿意接近强者和充满阳光的人，负面情绪不但会影响自己，也会让客户敬而远之。抱怨这种话可以在私下说，不能在朋友圈说。有人会很隐晦地指桑骂槐，结果是你想骂的那个人给你点赞并回复："亲，别跟那种人一般见识。"而你的朋友反而可能会错意，直接拉黑了你。

第三，不要每天发各种鸡汤文，心灵鸡汤这种东西太流于形式，什么"诸葛亮从来不问刘备，为什么我们的箭那么少？关羽从来不问刘备，为什么我们的士兵那么少"？拿着不存在的演义故事当真实历史。还有"一旦有了一个省钱的脑子，就不会有精力培养一个赚钱的胆子，所以，你会穷得很稳定"，邵逸夫一生勤俭节省，只为教育事业慈善，再可以看看周润发、王力宏，虽然这些明星身价过亿，但节省程度远超常人，毒鸡汤又作何解释？还有更毒的，你以为马云和比尔·盖茨真的是靠自己的努力成功的？马云的父亲是谁，比尔·盖茨的母亲是谁……这种更有毒性更上头。为啥不说俞敏洪和乔布斯呢？他俩的爸爸是谁？如果设计师也跟风发这种无脑有毒鸡汤，这种信息会引起他人反感，也会拉低自己的段位。

第四，不要吐槽甲方。吐槽甲方一时爽，一直吐槽一直爽。爽完呢？有能力有实力挑业务做吗？如果没有，请老老实实把话咽到肚子里，不要公开。

甲方有一对多选择的权利，我们只能做好自己。不要指责甲方的审美不够，要明白，只有最对的设计，没有最好的设计。一位成熟设计师每年业务至少有 40% 是通过之前客户圈层转化而来的，但谁也不愿意给一个经常吐槽客户的设计师介绍单子。

第五，不要总秀恩爱、晒礼物、晒娃。大部分人在浏览朋友圈时，见到别人几张秀恩爱的图片，第一反应的是，祝福赞美。但每天都看到他在高调秀恩爱，这种祝福慢慢会变成讨厌和反感。

谈恋爱，明明是两个人的事，却故意秀出来让别人知道，即使当事人想得到别人的点赞和羡慕，还是算了吧。一定会拉低自己的

形象分，同理，晒娃也要有度，不要变成"晒娃狂魔"。

一旦踏入职场，你的线上形象应该变得职业又专业，不能把自己诸多私生活变成公开的信息。

有人说，你讲这么多不该发的，那应该发什么呢？下面就进入关键话题，我们应该如何在朋友圈里成功建立人设。

以下几项内容我们可以发。第一，晒签单，设计师签单其实不值得晒，但有些签单是可以晒的，比如晒的是你和客户的默契，或者你与客户已经成为朋友，这样给其他客户传达的信息是，你这设计师不是靠价格或者营销去签单的，而是自己有亲和力、有自信。

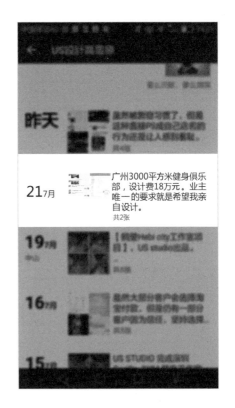

第二，正确晒加班，可以晒打卡回家的照片，比如拍一个打卡时间，或者比较舒适的办公场景的照片等，但是注意不要有任何拉低档次的物品出镜。

左右照片对比一下可以发现，同样的文案，因为照片不同，传递的能量也不同，对个人形象加分或减分一目了然。

第三，学习场景容易让客户产生
信任感，尤其是公司系统的培训
会或者设计类课程，学习培训的
内容和感悟分享会给客户产生
"这家公司很正规""这位设计
师很积极向上"这种良性印象，
会让客户产生一种对学习者的赞
赏心态，对设计师的专业形象有
所提升。

第四，发作品照片，要深度解析，
不能流于形式，浮于表面。要带
情感，细节化场景化，要表达条
理清晰，这样才能给予客户留下
明确印象。

下页左图的朋友圈内容随意，看似发了作品，也想给客户留下一种"我有
作品，我也是个挺牛的设计师"印象，但是因为表达不清晰而且照片质量
一般，一般客户看了要么不明就里，要么印象减分。下页右图才是正确的
表达方式。

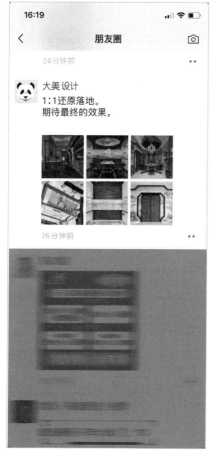

第五，游学可以发，可以引发客户的共情，既能证明自己的设计能力、学习热情，又能够引发客户对异地风情的探求好奇心，能够起到积极作用。当然也要注意文字和照片内容。

信息要经过包装才有传播度。

第六，获奖内容可以发，增加客户的信任度。有含金量的奖项是打造个人IP、建立正向人设必不可少的加分项，既是实力的证明，也是设计职业生涯的里程碑，大大增加在客户心中的信任度。

OK，我们讲了不该做什么应该做什么。下面总结一下，要成功建立朋友圈人设要做到三专：专业、专注、专家，值得信任，高而不冷，生活与工作圈分开，拒绝负能量，信息要经过包装才有传播度。

要做到三特：特质、特别、特殊。有区别于普通设计师的特质、特别形象与价值观以及对设计逻辑阐述、特殊的阅历的履历引发客户共振。

要用游学、奖项、头衔等进行赋能，将人设进一步立体化，用行业经验与公司背书使人设信任度增加,这样我们的"二次元"形象就进一步三维化了。

最后朋友圈应发内容和每项内容的占比应该如何平衡呢？看下页这张朋友圈内容比重图，清晰看到，在设计师朋友圈中，工作60%，游学、活动、获奖20%，生活感悟15%，兴趣爱好15%。

在看设计大咖们的朋友圈时，你会很吃惊地发现，他们自觉或者不自觉地都符合这一内容比重分配规律。

到底是行为决定身份，还是身份决定行为？

朋友圈是个重要的阵地，有我们工作、生活圈子里的所有人，人设成功，能够给我们带来正向宣传、IP 赋能、人脉积累，所以阵地要用好，人设要维护好。有技巧、有方法、有套路，这样才能事半功倍，设计的成功往往在设计之外，这一课就讲到这里，各位赶紧整理朋友圈吧！

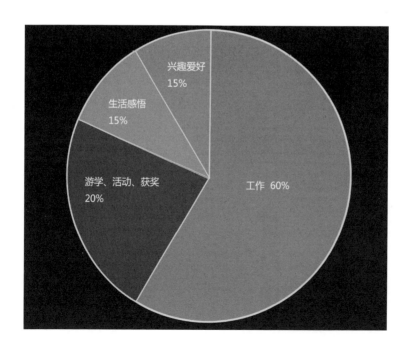

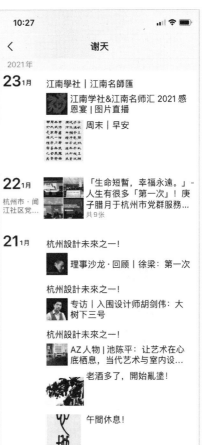

10:58

崔树

不闻风雨不畏云

昨天 我这半年很喜欢读寸匠里的设计…

【首发】逆向设计 |
TITANIUM · 钛

01 2月 2021年画廊首展 | 亚伯拉罕·克
鲁兹威力戈斯（Abraham Cru…

31 1月 被封神的坂本龙一，长得帅是
他最不起眼的优点

30 1月 大小MO

2020的努力的人

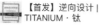

共3张

28 1月 2021全球12大秀场设计，一份
开放式答卷！

【首发】刘平 | 艺廊 · 梦谭

27 1月 总结得很用心

15:45

吴文粒

今天 不同于闽南的万缕柔情，在我初…

首发 | 吴文粒：山意风骨！

13 1月 低吟浅唱

首发 | 吴文粒：900㎡简约
格调，探寻沉静的艺术！

梨园风华

首发 | 吴文粒：700㎡闲雅院
落，经典中式，再现梨园风华！

2020 年

31 12月 2020年，不论你怎
怀化 么定义，它都已成序
章。但2021年，…

24 12月 盘石人 A relaxing journey
杭州市·杭 （图7）A&B 两队合集 祝
州夕上… 大家平安夜吉祥！聖誕快…

共9张

[乐享莫干山.盘石二队]感恩.
感谢.共伴日出日暮。

第八课

天下设计一大抄？我来教你怎么抄

天下设计一大抄？

照抄照搬山寨，设计师≠复印机

抄的正确理解

抄的正确姿势

大师也在抄

——

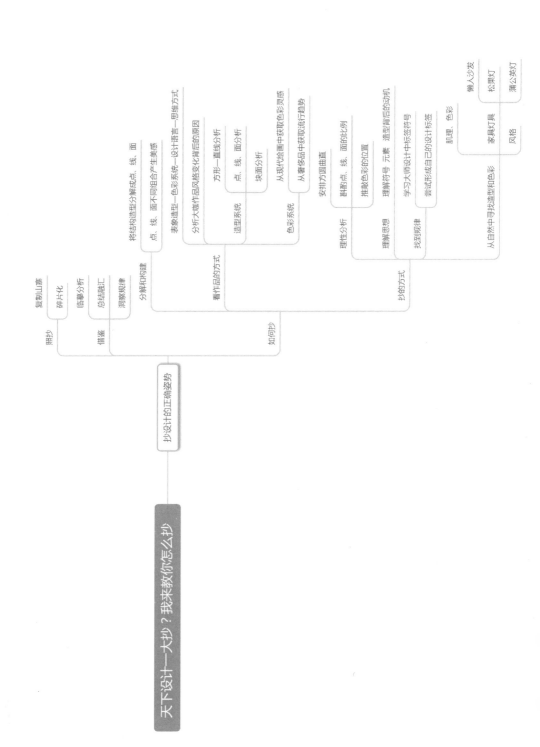

天下设计一大抄？我来教你怎么抄

抄设计的正确姿势

照抄
　复制山寨
　碎片化

借鉴
　临摹分析
　总结融汇
　洞察规律

如何抄
　分解和构建
　看作品的方式
　　将结构造型分解成点、线、面
　　　点、线、面不同组合产生美感
　　表象造型—色彩系统—设计语言—思维方式
　　　分析大咖作品风格变化背后的原因
　　造型系统
　　　方形—直线分析
　　　点、线、面分析
　　　块面分析
　　色彩系统
　　　从现代绘画中获取色彩灵感
　　　从奢侈品中获取流行趋势
　抄的方式
　　理性分析
　　　安排方圆曲直
　　　斟酌的点、线、面的比例
　　　推敲色彩的位置
　　理解思想
　　　理解符号 元素 造型背后的动机
　　找到规律
　　　学习大师设计中标签符号
　　　尝试形成自己的设计标签
　从自然中寻找造型和色彩
　　肌理、色彩
　　　家具灯具
　　　懒人沙发
　　　松果灯
　　　蒲公英灯
　　　风格

今天我们来聊一个敏感话题，这个话题在设计行业中绕不开，那就是——到底能不能抄别人的设计？我知道提到"抄"这个字，很多人是深恶痛绝的，对于照搬照抄的行为十分不齿。很多业内大咖多次聊到，照搬照抄会毁掉设计的原创性，会出现大批"复印机"般的伪设计师。

高举原创大旗显然没错，但原创设计也并非无源之水，思想需要用实物进行表现落地，那这些元素、材质、工艺、表现手法是否要求设计师纯原创呢？显然不可能，我们无法拒绝前人智慧的成果，只有学习并积累以往经验才能不断进阶。就像练习书法一样，先临帖，体会大师的字形、结构、笔意，博采众长，慢慢才能形成自己的风格。

这样一说大家都懂，但我并不是要为抄袭这种行为平反，我说的抄≠山寨≠照搬照抄，抄指的是临摹、借鉴、分析。举个例子，看以下图片。

前几年某泰汽车开启山寨模式，不断照抄名车成熟车型，某泰皮尺组永远忙碌在各大车展，一时间"保时泰"名震江湖，成为撩妹神器。这种行为就是彻底照搬照抄，没有创新度可言，最终让这个品牌业绩不断下滑。而不修炼内功，只是一味模仿豪车，做表面文章，导致车辆问题不断，市场口碑很差，最终黯然退场。

类似的还有路虎极光和某风。

产品外观抄袭体现了某些国内品牌的不自信和设计研发能力的不足，这种抄袭短期内也许会刺激销量，带来一批客户。但是这批客户并不是冲着这些抄袭品牌的知名度来的，而是冲着被抄袭品牌来的，他们显然有"虚荣"的标签。这样的销售额增加非但不会使自身的品牌价值提升，反而会损害原有积累的品牌价值，从较长的时间单位来看，得不偿失。

我们继续举个例子，再来一组图。

Muuto Nerd Chair 书呆子椅，这款椅子因为独特的斯堪的纳维亚式的风格，在 2011 年获得了 Muuto 人才奖。看看这流畅的线条，微微前倾的座面，优雅精细，手感还很不错，拿回家里放到哪都很瞩目。Muuto Nerd Chair 原本价格应该是 5000 多块，然而在某宝上一搜"书呆椅"或者"北欧设计师椅"，会出现很多这样"一毛一样"的椅子，只需要几百块，少则 100 多块，多则 700 多块。然而我们对比一下，就好像看到整容脸遇到真颜的尴尬局面，明显可以看出山寨品显得十分没气质，弯腰驼背不笔挺，很僵硬不自然，因为弯曲工艺和审美水平的限制，曲线模仿不到位，放家里也显廉价。造型不到位，多半是技术水平达不到。材质也让人担心，很多这样的椅子只有椅子腿是木头的，座面和靠背都是塑料材质，就怕一个100公斤的胖子坐上去就塌掉了或者翻仰过去，小孩子坐在这样的椅子上也很不安全。

这就是彻头彻尾的山寨和照搬照抄，没有技术含量和创新思想，做设计如果抄到这程度，那基本没啥底线，也没有进阶的可能了。

那么照此思路，是不是在设计中应该完全坚持原创，不应该有任何类似借鉴的情况出现呢？也不尽然，再继续举例子，且看以下对比图。

上页左图是中国明清风格中经典的圈椅，它设计精巧，简约而不简单，体现了中国文人气息，旷达高远，又表达了外圆内方的处世哲学，是艺术与技术的完美结合。据说背后的这个圈在选材和加工上就大有讲究，传统工艺甚至用猪皮包裹进行水煮，将胶质渗入木材内部，再进行烘干，保证后期防水防潮且不变形。而上页右图是 Y 椅，是丹麦椅子设计大师汉斯·瓦格纳（Hans J.Wegner）的经典作品之一，瓦格纳对设计精益求精，并不在意产量，丹麦是个资源有限的国家，对每种材料最合理地使用是每一位杰出设计师非常关心的问题。在任何时候，瓦格纳都亲自研究每一个细节，瓦格纳尤其强调一件家具的全方位设计，认为"一件家具永远都不会有背部"。瓦格纳的家具设计与中国明清风格家具有着很深的联系。椅背的 Y 字形，去繁就简，结合了意象上的抽象美与人体工学功能，让端庄严肃的太师椅，变得灵巧生动，时尚又不失优雅，所以这把椅子，也被称为中国椅。但是我们能够直观地发现，椅子中没有任何一点儿照搬照抄的山寨行为，但是它的韵味与圈椅有相通之处。这显然不是简单的模仿，而是某种意义的符合现代审美和工业生产的改良，这才是让我们认可并赞赏的抄。

类似的还有温莎椅和宜家诺勒利椅。温莎椅发源于 17 世纪末—18 世纪初的英国，其名字来源于当地一个叫温莎的小镇，质量轻、质地硬、款式优雅，材质方面不局限于传统英式家具中常用的贵重木材。

温莎椅典型的特征就是厚实的座面与直接旋切成型的圆柱状背靠和椅腿的结合，形象地形容就像是上下各几根木棍直接插在座面上。其结构简单，坐起来也十分舒适。温莎椅流行到一个地方，就利用当地木材加工制作，造型多样。

1958年，纳·雅各布森为哥本哈根皇家酒店的大厅以及接待区设计了这个蛋椅。这个卵形椅子从此成了丹麦家具设计的样本。蛋椅独特的造型，在公共场所开辟一个不被打扰的空间——特别适合躺着休息或者

等待，就跟家一样。创始于纳·雅各布森家车库的蛋椅，用石膏浇注，人工合成的贝壳外形用泡沫填补，并覆盖上织物或不同种类的皮子，停留在星形的铝制底座上。蛋椅的外壳由玻璃纤维和聚氨酯泡沫体加固而成。椅子还有一个可调整的倾斜，可以根据不同用户的体重来调整。椅子底部由如丝缎般光滑的焊接钢管和一个四星形注模铝组成，可以用织布和皮质作装饰。

宜家在蛋椅的基础上，对椅背、扶手、座椅等多处简化，设计推出了阿维卡单人椅。它的尺度更小更灵活，不但用料节省，工艺简化，而且适用于更多空间。

他们都不是简单抄袭，而是在致敬大师的同时，在一定基础上进行借鉴学习、改良升级，使其更加符合当下的生活空间尺度和工业生产的需求以及当代人的审美水平。

就像我要讲的抄，抄的不是表象，模仿的不是形式，而是洞察背后的规律和思维方式。这一点至关重要，借鉴—学习—升级。

那如何才能用正确姿势抄呢？我们学设计，首先要懂得设计语言，我们要将借鉴对象的语言读懂，才能深度解析。说句简单话，就是你要把复杂的

抄的不是表象，模仿的不是形式，
而是洞察背后的规律和思维方式。

造型色彩体系掰开揉碎，变成最纯粹的点、线、面，继续举例。

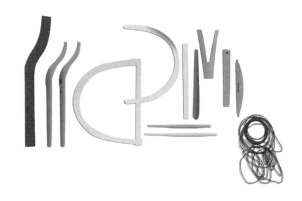

把 Y 椅掰开揉碎之后，就是这一堆线条，大家发现了什么？很简单很有序
对吗？但是给你一堆这种点、线、面，你能快速认知并组合出实用的椅子
吗？可能会组合成功，但会花时间去思考和分辨每个具体部分及组合方式。
这样说来我们真正缺乏的不是对于点、线、面的认识，而是缺乏对于设计
语言的驾驭能力。也就是说，这恰恰是我们需要抄的目标，运用具体的设
计语言学会分解和构建，最终形成具有秩序、符合审美需求的面貌。

在我们日常所见平面设计的作品里，无论多么复杂的形象都是由点、线、
面的基本要素构成的。将点、线、面等具象与抽象的形态按照美的形式法

则与一定的秩序进行分解、组合，创作出新的视觉传达的画面效果。点、线、面不仅是各种艺术中的基础知识，也与生活中的物象有着密切的关系。

对比一下上页的两幅图，第一幅是典型的平面构成，第二幅是大兴国际机场的照片，我们通过对比惊奇地发现，它们的构造如此相似，看似复杂的结构，将其平面化观察，发现也是运用基本设计语言——点、线、面，竟然能构建出如此震撼的空间效果。

将复杂的物象平面化，用点、线、面进行总结梳理，这个理论并不是我提出来的，而是20世纪艺术家康定斯基。据说有一天晚上康定斯基打量自己的一幅油画，由于灯光昏暗，只能看到画面大体的线条和色调，虽然主题难以辨认，但是依然有一种魔力的美感，后来康定斯基开始花时间去研究了从几何学的基础上提出了点、线、面这一概念，通过这3个元素的不同组合成为绘画的构成元素。说白了就是画面的骨架，同时将点线面作为一种观察方法和解构作者设计意图的方法。

让我们反向思维，如果将一幅优秀的室内或建筑设计作品平面化，是否能够从中获得表面造型背后的规律呢？带着这种思路继续看175 ~ 176页的两个例子。

通过对比，我们清晰地看到了表象背后的规律性，通过点、线、面的分解组合变化，制造出节奏感和美感。如果我们将大师落地作品中的造型规律和色彩规律进行总结和分析，进而就能理解大师的理念和思想。

继续说明如何操作，我们以邱德光先生北京市朝阳区懋源·璟玺作品为例。

很多设计师看到好的作品，在看完之后，第一反应——哇！真好看！做的第一个动作就是保存下来，这一个立面或者顶面，下次可以用。这是最低端的抄，积累的经验是碎片化的，没有体系。这样抄完没有任何好处，也不会促进自我成长。

我们看作品一定要从表象造型出发，首先分解设计语言，分析点、线、面的组合构建方式，再分析色彩系统，进而思考大师为什么这样做？在这个作品中他想表达什么？又通过什么手法形成了最终的效果？

看作品的顺序应该是由浅入深，由表象到本质：

表象造型—色彩系统—设计语言—思维方式。

还要清楚地了解到不同时期大师作品的变化，需要注意的是，大师之所以成为大师正是因为不断思考，不断颠覆，不断迭代升级自身的设计观和设计思维，才一步步超越众人，脱颖而出。

通过上页的两幅作品看一下邱德光先生风格的变化，从表面看来，两幅作品无论风格色彩造型差距极大，判若两人之手。那究竟是什么原因让"新装饰主义"邱先生的风格发生如此大的变化呢？

先不着急给出答案，继续看懋源·璟玺作品的其他空间。

因为客群需求变化而进行的设计迭代升级。

这些作品和邱德光先生以往作品有很大区别，我刚开始也很困惑，是什么原因让一位业界大咖有勇气和动力颠覆自己，是因为"风潮"吗？跟风作品注定没有生命力，后来看了邱先生的访谈，才明白表象背后的深层思考。因为近几年客户群体不断年轻化，更加年轻化的都市新贵，他们更有全球化视野和审美眼光，对于家空间的需求和以往相比有巨大差异化。需求变化了，设计方式必须变化。

中国的新贵们梦想并渴望什么样的居住环境？在充分享有物质的丰裕后，他们追求的是什么样的"奢华"？如何将他们的个性、趣味及内在世界通过设计表达出来？这就是邱先生在这些作品中思考并尝试解决的问题。

这个系列就以"都会新贵"命名，迎合年轻一代新贵的审美需求。设计师可以说是"观念的编辑者"，设计的形成，始终由对时代思潮及人们思想观念的洞察出发，这部分"新贵"有这样的特质，他们拒绝标签、打破常规、思维审美全球化、去风格化。

这样我们再回头看邱先生作品风格的改变，是不是秒懂了？不是什么流行趋势，也不是"跟风"，而是因为客群需求变化而进行的设计迭代升级。作品背后的信息量巨大，如果仅看到表面，只能走马观花，抄个皮毛而已。你以为这就够了吗？继续向下挖掘，干货来了。

把作品中的色彩去掉，细节简化，能看到什么呢？

发现一个规律。第一，方形—直线分析，直线方形与曲线—圆形比例从8：1演变为8：3。 第二，点线面分析，体、面更多，点状装饰减少。这是我们分析作品的第一步，从造型入手来抄。

继续分析，将图中细节进一步简化，只留下块面，从块面关系来分析，我们会发现邱先生作品中产生了更多留白，更注重节奏和比例。

再进一步分析，还会发现留白的空间与有物的空间的比例关系，通过对点线面比例和块面比例的总结归纳，不难找出其中的规律。

继续深入，我们解密一下大师的色彩系统是如何建立的。看一组对比图。

上面两幅是大师作品，下面两幅是著名画家赵无极的作品，赵无极是华裔法国画家。在绘画创作上，以西方现代绘画的形式和油画的色彩技巧，参与中国传统文化艺术的意蕴，创造了色彩变幻、笔触有力、富有韵律感和光感的新的绘画空间，被称为"西方现代抒情抽象派的代表"。大家发现了什么？你会惊奇地发现，设计作品中的色彩在画家画面里都有，这是咋回事儿？难道大师也在抄？这就是大师的高明之处，其实很多设计师作品里面都有艺术家的影子，这种借鉴不是简单的模仿，而是分析解构，将艺术品中的色彩变成空间中的色彩系统。

再看看这几幅是不是更加明确了？这就是大师作品色彩的秘密，一般人都不告诉的秘密。除了艺术品之外，奢侈品也是色彩系统建立的重要参考。

本页图是 Versace 2017 SS 紫色系列对于 Versace 的印象，总是停留在充满曲线性感，色彩热情的意大利风。

本页图为 Prada 2017 蓝黄色系，在 Prada 2017 春夏秀场上，仅存的那道光束抓住了所有人的目光，似乎从这到光束人们可以看到色彩的斑斓。随着灯光的点亮，大秀拉开帷幕，蓝黄主题跃然而出，绚烂夺目又不失优雅。用在家居空间中，与奢侈品有异曲同工之妙。

本页图为爱马仕经典橙色。爱马仕橙是个神奇的色彩，它不像红色深沉艳丽，又比黄色多了一丝明快厚重，在众多色彩中耀眼却不令人反感。它自带高贵的气质与爱马仕品牌内涵不谋而合。

这是色彩系统建立的两个重要方面来源，我们了解了大师的灵感来源方式，也能用这种方式来找到自己作品的灵感，进而建立自己的系统，这才是从抄表面到抄理念的正确方式。而通过分析我们更能发现一个问题，大师的思维方式并不是感性的，而是理性的。他们会用极为有条理的理性思维去设计作品，安排方圆曲直，斟酌点、线、面的比例，推敲每块色彩的位置。很多设计师愿意把自己打扮得像艺术家，这当然没错，在客户面前独特形象是软实力，但千万别把自己真的当成艺术家，用艺术家的感性思维方式做设计，必败无疑。

以上是以一位大师作品为例，给各位小伙伴讲解了抄的正确姿势，抄不是照搬照抄，而是找到规律、理解理念、了解思想，符号、元素、特点、造型和手法，这是最表象也是最浅层的知识。而找到规律后，可以学习大师设计中的一以贯之的标签符号，尝试形成自己的设计标签和符号，使之成为一个代表自己的印章。

另外从自然中寻找造型和色彩灵感也是非常巧妙的抄的方式，比如有的设计师从铁门的锈迹斑斑中获得灵感，做出出彩的作品。

不但室内设计，在家具设计中，对自然的抄袭更是屡见不鲜。

意大利家具中的许多顶级"网红家具"，是抄袭自然的成功案例，"妈妈的怀抱"懒人沙发、松果灯、蒲公英灯……如果你关注意大利家具，一定曾经看到过这些风靡全球、频频出现在家居杂志上的爆款家具。

这套沙发将沙发主体设计得像一个丰满的女性身体，配上象征囚服的黑白条纹图案，配套的黑色球形脚凳则象征囚犯脚镣上的铅球。他以此来传达对女性身份危机的批判。得益于与 B&B Italia 的合作，柔软的材料衬托着优雅的曲线，坐在里面就像是拥入了母亲温暖的怀抱。

"妈妈的怀抱"懒人沙发

72 片叶片组成的"松果灯"（PH Artichoke）。爆款"松果灯"它由现代灯具大师保罗·亨宁森（Poul Henningsen）设计于 1958 年，灵感来源于一种名为洋蓟的植物，"松果灯"共 12 层，每层由 6 个尺寸相同的金属片像洋蓟的叶片一样环绕而成。

会发光的"蒲公英灯"，这款灯具由意大利设计改革大师阿希尔·卡斯蒂格里奥尼（Achille Castiglioni）于 1988 年设计。设计师经历过二战，在物资匮乏的年代里练就了一种"变废为宝"的能力，以小成本进行改造，赋予现有物件全新的审美与功能。

我们可以看到这种抄袭，赋予了自然形象以新的形态和功能，而自然的形态也让使用者更有亲近感和共鸣。

而我们熟知的，最近被追捧的侘寂风格也是抄袭自然的典型代表。侘寂风

从抄表面到抄理念进而
建立自己的系统

格讲究"人做一半，天做一半"，把经岁月打磨的自然痕迹看作是最好的装饰。这种做法不但是对自然的模仿借鉴，而更多是从自然中体味生命的哲学。

模仿一借鉴一分析，设计是理性大于感性的行为。从设计思维和设计观入手，理解设计语言与色彩系统，反复训练，最终形成属于自己的设计表达方式。

这才是我要说的天下文章一大抄！

▼

第九课

好设计会讲故事

为啥我们都爱听故事

设计中的讲故事

故事该如何讲

让方案自己讲故事

提报方案时的故事性表达

——

好设计会讲故事

故事人人会讲，各有巧妙不同。在这一课中我们聊一下如何表达设计。有人说四分设计，六分讲。表达在设计工作中的占比有多大呢？我认为表达最起码可占比 50%，恰当准确的表达方式不但能够清晰地表述设计理念，也能够让设计师本人给客户留下良好的印象。

听到这个比例，很多人可能会质疑，有那么高吗？且听我慢慢道来。

设计这个行业是在社会发展到一定经济阶段后产生的衍生行业，并不像士、农、工、商一样是刚需行业。这个行业本身就与人民大众的精神层面需求密切相关，设计天然是为人服务的。所以要让受众接受设计，必然要有设计说明、理念阐述等，也就是表达。

如何表达才能最有效、最精准、最走心呢？很多设计师困惑，经常听到有同行说，我不擅长表达。今天我要说的是，没有人不擅长表达，表达是我们从两岁就学会的本领。所谓的不会表达，只是没找到适合自己的表达方式而已。

表达方式，由"表达"和"方式"合成。表达是动词，意思就是"表示思想和情感"。方式是名词，意思是指"说话做事所采取的方法和形式"。我们常说的表达方式主要是指方案的表现方法以及这种方法所表现出来的语言形式特点。

但是生活中，表达的范围很广，例如绘画、音乐的表达方式和设计的表达方式就不同，所谓表达方式是人类用语言、艺术、音乐、行动把思想感情及感情色彩表示出来时所采取的方法和形式。

表达方式千人千面，那究竟什么样的方式最适合自己呢？这个问题没有唯一答案，但是可以参考讲故事的方式来设置表达内容，这是一种极为有效的走心方式。

什么是故事？故事是指在现实认知观的基础上，对其描写成非常态性现象，侧重于事件发展过程的描述，强调情节的生动性和连贯性。比如同样都是描述今天早晨我因为堵车上班迟到了。正常表达，周一早晨起得有点晚，没想到路上那么堵，紧赶慢赶还是晚了 10 分钟。

用故事的方式表达，周一，晨。被奇怪的梦纠缠了一夜，身体困乏。拿起手机，发现竟然闹钟都没有听到。距离迟到还有 20 分钟。疯狂加速洗漱，开车飞奔。不料屋漏偏逢连夜雨，路上竟然出了异常状况……

你看后一种故事性表达，明显更能引发听众的兴趣，兴趣是让对方"听话"

抽象概念形象化、专业词汇生动化、
平面方案立体化、设计理念场景化。

的第一步。

把这段话总结一下，换成我们设计行业的词儿，就是，抽象概念形象化、
专业词汇生动化、平面方案立体化、设计理念场景化。

以上这"四化"希望各位能记住，并尽量运用。我们经常说，好设计会讲
故事。这句话包含两重含义。第一，好的设计师会讲故事。第二，好的设
计方案会讲故事。

很多时候我们错就错在表达太套路了，长时间积累的经验让我们思维方式
固化的同时，表达方式也固化了。也就是平淡平庸，没感情不走心，俗称
"油"了。

各行各业都有老油条，咱们这个行业也有。老油条意味着段位固化，难于
进阶，意味着满足当下，不思进取。这样的心态不能有，一丝一毫也不要有，

举两个例子大家看这种油腻的表达是不是眼熟。

设计师：本案简约大气，采用深沉色彩，二级吊顶，无主灯设计，背景极
简体块，壁炉提升调性，整体空间通透明快又不失品质感。

设计师：本案简约大气，采用深沉色彩，二级吊顶，背景墙素色莫兰迪灰拉长视觉空间感，整体空间通透明快又不失品质感。

这两句话听着耳熟不？客户为何经常在你面前露出既尴尬又不失礼貌的微笑？为何频频看表看手机？为何喝两口茶就说忙，回去考虑考虑。因为你得表达平铺直叙，没有起承转合，没有画面感，没有直击内心的描述，没有吸引到客户。生涩乏味的表达，会把一个还算不错方案毁得稀碎稀碎的。

而优质的表达，则能够把平凡的方案讲出亮点，给客户留下优质印象。

那到底该怎样讲故事呢？怎样才能吸引客户呢？

第一，学会有画面感的表达，举例子，在成语和诗歌中有这样的词——比如"大漠孤烟""长河落日""杏花春雨""杨柳岸，晓风残月""秋水长天""落霞孤鹜"这种寥寥数字，却包含了一个很大场景，细细品味，静态、动态全部都有。这种词语带入感很强，极容易走心，引发受众的共情。

何为共情呢？可以解释为"设身处地理解""感情移入""神入""共感"，泛指心理换位、将心比心，即设身处地地对他人的情绪和情感的认知性的觉知、把握与理解。客户能够理解设计师的感受，赞同并体验设计师的理念与方案中的感情，这是事关签单成败的关键因素。尤其是在多家公司和设计师比稿的过程中，这种引发共情的能力尤为重要。

就像《梦想改造家》那种叙事状态一样，拍摄内容前半部分是关于过往经历和生活状态的描述，中间部分是突出矛盾、纠结，解决方法和手段，最终是表达情绪与场景。看似是一档设计类改造节目，其实就是一档极好的生活记录片。为什么能引发大众的关注和喜爱呢？因为这里面有大量的感情因素，亲情、爱情、友情贯穿始终，这种方式引发了观众的共情。甚至很多观众在电视机前和委托人一起哭一起笑，这样的表达无疑是成功的，更是值得设计师学习的。

第二，表达方案过程中，少说工艺造型材质等专业语言，多说生活场景，重点描述设计中精彩之处。比如，下午暖阳透过纱帘照到沙发上，慵懒舒适，茶炉、懒猫，背景墙颜色优雅陪衬，生活烟火气。用这几个关键词就能够让客户产生代入感。

再比如，晨光、鸟鸣、钢琴曲，窗帘定时开启，风景就在眼前，生活本该如此。这样很容易在客户头脑中产生画面感。

第三，可以虚拟客户行动路线为方式来描述方案，如入户后首先映入眼帘的是玄关背景墙，灯光柔和温暖，玄关台上的铜雕、艺术漆、背景、洒脱晕染的装饰画，您放下手包换好鞋经过走廊进入客厅……先经过……再怎样……以动线串联场景，比平铺直叙更有感染力。

第四，还可以以家庭成员在场景中的行为来描述。举例，将厨房区域与餐

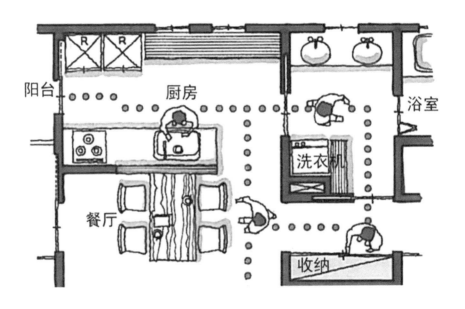

厅区域进行开场，开敞式厨房设计的优点在于能够让整个家庭氛围极为融洽，男主人和女主人在厨房忙碌，丰盛的晚餐即将上桌，孙子和爷爷在玩拼图游戏，孙女正在给奶奶背诵新学来的诗歌……

以上讲的是如何用讲故事的方式来表达方案。如何让方案自带故事，方案自己会讲故事，这个就更高级了一步。优秀的方案本身具有故事属性，容易让客户在平面布局中就能体会画面感，这是能够带给客户更好的生活方式的方案，往往能够满足客户显性需求切中的隐性需求。

一位成品定制设计师给客户做儿童房设计，设计师几易其稿，客户总不满意，后来设计部经理亲自来做，结果一稿通过。大家看一下对比图。

上图是第一稿方案，客户感觉方案太平淡，没有特点。当客户说太平淡、
没特点、没感觉这样的词儿的时候，并非是你的设计差，往往是表达方式

有问题。没有用能够引发客户联想的故事性进行表达，导致客户 Get 不到
你的设计理念和专业性。后来设计部经理修改后的方案是上图这样的。

造型上没有任何区别，只做了两个区域的色彩处理。因为布局方面设计师做得比较到位了，客户没有太大异议而反复修改布局，会让客户产生你们专业不足或不用心的错觉。

设计部经理注意到男主人姓田，而家里的男孩必然会寄托父母的希望，那么这个儿童房主题就是小田田的成长空间。故事就是围绕小田田学习、生活和成长展开。用一个绿色的田字代表健康成长，橙色的田字代表快乐学习。设计师们还为此写了一段文案：小田田，你将在这个空间中快乐健康地成长，这个是你的童话世界，也是快乐城堡。这里面有绿野仙踪，有梦游仙境，有美国队长和复仇者联盟，更有你的广阔梦想。叔叔阿姨在你的空间里看到了不起的你，我们约定，一起探索未来！客户来了以后，看到这段文字和这个设计，当场拍板，这就是我们想要的，你们太用心了。签单后，还特意发了朋友圈，遇到了一个有温度的品牌，用心的设计团队，感动满满……大家看，前后方案几乎没有差别，只是叙事方式从平铺直叙，变成了有故事性，这样客户立刻被代入到感性思维中，自然触发其签单。

继续举一个高端例子，是大师之间 PK 的案例，我们以梵悦·108，雅布和李玮珉老师方案对比来看一下大师是如何在设计方案中讲故事的。

梵悦·108，位于北京 CBD，国贸黄金十字之上的高端住宅，繁华与静谧兼得。项目整体设计理念秉承 CBD 的国际审美，风格流畅而统一，追求更纯粹的宁静。作为携手四位设计大师匠造的作品，梵悦·108 所在的国贸商圈是北京商务人士聚居区，分布着数不胜数的星级酒店、商业中心、特色餐厅、咖啡馆、会所俱乐部以及几乎所有的奢侈品商店。梵悦·108 规划 3 种户型，涵盖惬意办公与居住的时尚空间、纵观长安街的禅意空间，以及办公与生活高度融合的主场空间。

项目在 200 平方米左右的面积尺度上，只推出一居室和两居室，定位为商务居住。梵悦·108 的设计团队针对商务居住空间这一新兴概念做出了针对性的设计。比如餐厅和厨房的设计，由于餐厅和厨房是社交导向，因此设计师将餐厅和厨房设计成简洁的开放式空间，从而将这一区域同客厅连成一片。但是，由于追求外观个性，导致内部空间并不方正，而且还有巨大的承重柱体。我们以这个户型为例，来聊一下方案怎样能自己讲故事。下图是原始户型。

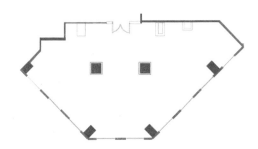

我们可以看到这个户型虽然采光极好，景观一流，但是内部空间不方正，且多根承重柱破坏了空间的完整性，给设计布局造成一定难度。而这个物业的客户群，肯定属于高端人士。既有上市公司的高管，也有海归的精英，或许还有继承家业的新贵，要打动这部分客户，必须要能够做出符合他们生活方式，走入他们内心的方案。我们看一下两位大师是怎样用自己的设计来讲故事的。

李玮珉老师的整体设计关注豪宅的仪式感，在描述新贵阶层的人生剪影。说白了，豪宅必须要做到豪，这是基本，但是豪要有气质，不能是土豪。李老师从入户玄关到客餐厅到观景阳台产生了中轴对称的一条动线，右面主卧做了极为豪华的套房设计，套房内部又有娱乐区、休息区和卫生间。

而且从布局中非常明显能看到，李玮珉老师尝试采用一种庄重大气的布局方式，让空间在时尚同时更具有仪式感。细节方面也注重生活实用性，梳理出符合中国传统生活方式的空间关系。这种布局本身会激发受众的想象，整个空间的庄重大气感跃然纸上。中轴线上，主人在品尝高脚杯中的红酒，酒体呈现红宝石般光泽。走到落地窗前，俯瞰长安街，远眺城际天际，顿生驰骋商海、大浪淘沙的豪情，或许也有小舟从此逝、江海寄余生的落寞。不用过多讲解也能有故事般体验感。

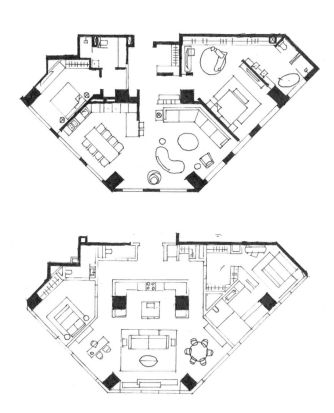

分析图再来两张。

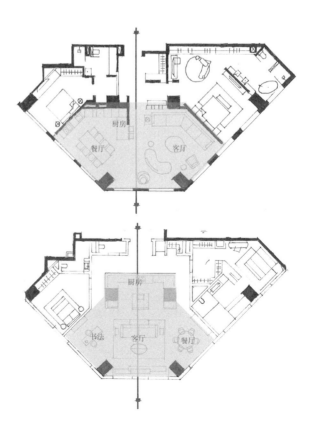

中轴对称方面，两位大咖都关注到了，因为无论东西方文化中，对于仪式感营造最基本有效的手法就是中轴对称。

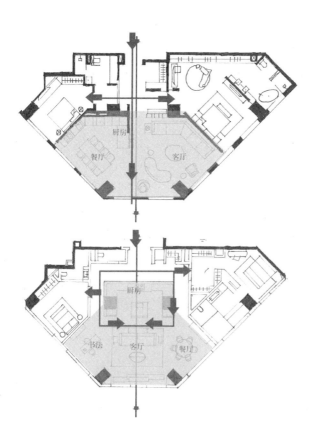

而对于动线规划方面，李玮珉老师重视动静分离，用传统东方的人居理念梳理动线，让家庭成员在动线中尽量互不干扰。而雅布做的是以厨房为中心的聚会场景，形成了环形动线。这是一种互动性更强、自由度更高的空

李玮珉

间关系。空间关系即成员关系，这种空间中人的关系更加密切。以下是效果图对比。

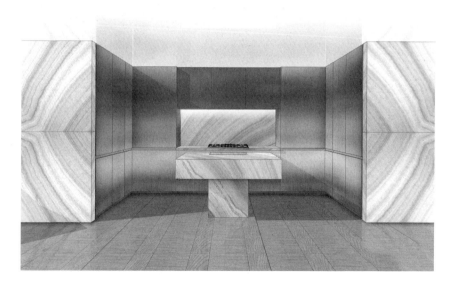

雅布

继续看雅布的另一套方案。

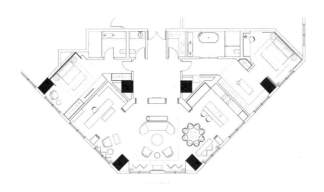

这个方案依然是中轴对称式布局，但是将门厅空间扩大化，让人进入空间后有一段很长的缓冲静心区，通过玄关两侧能够看到公共区域的一角，这是东方美学——犹抱琵琶半遮面的手法。窥探到一角精彩，引发猎奇和探究心态。仿佛《桃花源记》中的描述："初极狭，才通人，复行数十步，豁然开朗。"转过玄关豁然开朗，同样这套方案也自带故事性，本身就足够精彩。

通过这两位大师的方案，我们会发现，好的设计真是自己会讲故事，我们在设计图中能读到人物关系、空间关系，画面感十足。空间中的手法运用好似故事中的起承转合，让人印象深刻。而设计的提报过程用故事结构来规划，也会起到极好的说服效果。很多有经验的设计师早已在这样去做。按这个思

路进行讲解，即目标—痛点—方法—意外—转折—结局，先将目标抛出，明确告诉客户，我们要营造一个怎样的空间，达到怎样的效果。围绕痛点进行分析，用合理的方法和手段解决问题，满足需求；在方案描述中，可以特意制造意外，这一点往往能够出奇制胜。即用一种为难的口气说，这个问题我没考虑清楚，或者这一点是很难解决。诸如此类的词，让客户感觉失落，然后再抛出自己成熟的思路和方案，这样客户会有柳暗花明又一村的欣喜感，同时对设计师的信任度大大增加。经过验证，这种故事结构讲解能大幅提高说服能力。再总结回顾一下我们这一课所讲的内容，抽象概念形象化，专业词汇生动化，平面方案立体化，设计理念场景化。用讲故事的方式去讲方案，用讲故事的方式去提报方案，最终让方案自己会讲故事，这就成了！

▼

第十课

设计师必经迷茫期，有解药吗？

迷茫期有解药吗？

向内认知：我是谁？

我是个啥颜色的人

向外行走：我要成为谁？

想成长要讲战略

突破重复劳动的陷阱

给几个建议，好好听

——

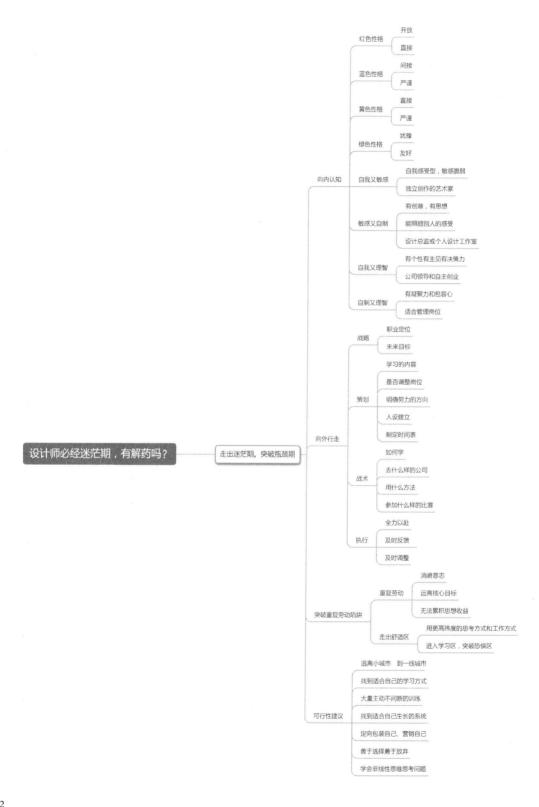

设计师在职业生涯中都会面临一个瓶颈期，工作瓶颈期又称职业枯竭，职业懈怠，这是几乎每一个人在工作一段时间之后都会遇到的问题。

遭遇工作瓶颈期的原因可能是因为工作压力过大，可能是因为重复劳动消耗热情，可能是目标感丧失，可能是自信心不足……无论什么原因，最后造成的结果都是渐渐挥发掉对工作的热情。

大部分设计师都会经历这样一个状态，入行一段时间之后，会发现做来做去还是这些方案，服务的还是固定圈层的客户，自己的水平久无进步，迷茫无助，无法突破，感觉像走入死胡同。大部分时间，人的行为会被思维锁死，长此以往，有的设计从业者就会对行业失去信心，最终选择退出。今天我们就来聊聊，如何突破瓶颈期走出迷茫期。

首先来看看设计师小 A、小 B、小 C 和小 D 的困惑。

小 A：我入行 3 年，在三线城市中型公司，给一位成熟设计师当助理，量房画图，做预算全部都会，可我不会忽悠，表达能力差。没转设计师，又不想继续做助理。

小 B：我在一家设计工作室工作 5 年了，每天都是画效果图，做做布局，来公司的客户大部分是老板的朋友，好像什么都干，又好像学不到什么。

小 C：设计也就这样了，要不要转管理岗……

小 D：我在一家连锁装饰公司工作，8 年了，接触的客户层次基本固定了，比上不足比下有余。想突破很难，也不想这样一直维持现状，感觉没有入行时的激情，距离自己的大师梦越来越远了。

从他们身上我们很容易能找到自己的影子，3 年入行、5 年迷茫、8 年重塑，每阶段的瓶颈期都让设计师痛苦不堪，甚至会质疑当初的职业选择，萌生改行念头。

说句带鸡汤的话，成长从来就不是风轻云淡达成的，成长过程必然伴随着困难和苦痛，非这样不能促进成长。

成长，就是向内认知，向外行走。

还有一句话说得特别好，成长，就是向内认知，向外行走。这句话包含两个信息，要成长，要突破瓶颈，必须首先进行自我认知、自我定位，然后再重新出发，走出舒适区，主动训练、挑战突破。

先向内求，再向外求，这是成长的方法论。

我们首先要认识自己，这一点很重要。有人会问，老刘你这不扯吗？我都跟自己朝夕相处几十年了，怎么可能不认识自己呢？ 没错，正因为和自己太熟悉，所以我们很容易给别人贴上几个标签，概括出他的性格、爱好、特长和能力等。而观察自己的时候，我们并不客观，导致我们对自我评估时并不准确，这是普遍存在的问题，我们称之为"自我认知陷阱"。

我是谁？我是周边世界对自身的信息反馈，形成的内心投射。

我们本来不认识自己，通过周围大家反馈才慢慢认识了解了自己。认识外界很重要，能够让我们知道山外青山，认识内心更重要，能够让我们认清方向。

想改变一定先认清自己，知道自己的所长所短。那么如何进行自我认知和自我评估呢？有一个比较简单且有效的方法，我们同样可以用之前讲过的四色性格分析法来进行自我定位，实现相对准确地认知自我。这个分析法我们在前面签单分析中曾经详细讲过，那是对客户分析，这是对自我分析，同样重要。

四色人格分析法是乐嘉研究的一个课题，他结合心理学将人的性格分为红、蓝、黄、绿4种颜色，每种颜色代表不同的性格特征。4种颜色再进行不同组合，又产生更多性格倾向。

红色性格的人是开放的和直接的。蓝色性格的人是间接和严谨的。黄色是非常直接且严谨的。绿色性格是开放的、犹豫的、亲近的、友好的。（具体见第五课，102页）

各位可以在性格表现卡上对应找到属于自己的主要颜色。这种看似简单的人格定位方法，已经帮助过很多人走出了自我认知的陷阱，并找到了符合自己进阶的方法。定位自己后，更容易找到适合自身的发展方向。如红色性格的人感性思维强，适合做偏艺术类设计工作，比如软装方向；蓝色性格理性克制，自我意识强烈，适合做创业者，比如做独立设计工作室或创立公司；绿色性格有包容力和凝聚力，适合做管理者，比如公司的设计部经理或总监。

迷茫产生的原因多半是因为信息的模糊不清导致，当我们对自身信息和外界信息有充分清醒的认识，就不会产生迷茫。找不到方向，努力便没有着力点，没有目标的努力是会消耗人的意志的。

对照这张图大家可以更直观地看到不同色彩人格的适合工作方向。

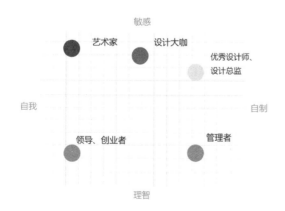

每个人在坐标系上可以相对准确地找到自己的位置，认知到自我，更加清晰地明确我们的适合工作类型，这有利于帮助我们反思及更好地职业定位。横向坐标左右分别代表自我与自制两个极端，纵向坐标分别代表敏感到理智两个极端。我们结合四色性格特点，在这个坐标系上面应该能对应寻找到自己的位置。

如果你是个自我又敏感的人，这种性格是很难与别人融洽相处，也特别强调自我感受，超级敏感脆弱，多愁善感。这种类型的人最有做独立创作的艺术家潜质。像凡·高就是典型的这种类型的人。

如果你是敏感又自制的人，这种性格有创意、有思想，对美感知敏锐，但是又能照顾别人的感受，与他人很好的沟通和相处。那么这种潜质最适合在设计领域做的就是公司的设计总监或者个人独立的设计品牌。

如果你是个自我又理智的人，这种性格有个性、有主见、有决策力，但同时他又有逻辑思维，能够冷静分析，这类人最适合做公司领导和自主创业。如果你是个自制又理智的人，这类人能够包容不同意见，有凝聚力和包容心，同时处理事情冷静不冲动不急躁，这种性格特点最适合做的是公司的管理岗。

根据坐标系的具体位置，我们还能细分更多性格特点和职业定位，各位可以进行对照并进行自我测评。做好定位，就可以学会以理性的态度追求更好的生存状态，这样才能把命运的主动权握在自己的手中。

正确的自我定位就是明白自己的价值点，准确地认知自己。一个人的价值，除了本身的存在价值外，还包括在行业中、人生中和社会中创造的价值。通俗地讲就是找到最适合自己的位置。

我们经过自我定位，初步认知了自己，也明确了自己的性格特点，接下来应该做什么才能走出迷茫期呢？

有人肯定要说，努力！努力没错，但是努力的人一定会成功吗？不一定，我们身边努力的人比比皆是，电子厂的女工每天工作 10 小时以上，外卖小哥每天运动步数平均 2 万步，环卫工人每天凌晨 3 点半就要起床准备工作。他们都是努力的人，但他们又很难突破目前工作的天花板，原因就是他们的努力并没有经过思考。

只有积累正向思想收益和物质收益，才是真正的努力。如果只有物质收益，没有思想收益，最终物质收益也很容易失去。

有战略再有战术，有思路才能行动。

最近有段话很火，"你永远赚不到超出你认知范围以外的钱，除非你靠运气，但是靠运气赚到的钱，最后往往又会靠实力把他亏掉，这是一种必然，你所赚的每一分钱，都是你对这个世界认知的变现，你所亏的每一分钱，都是因为你对这个世界认知有缺陷。所以，这个世界最大的公平在于，当一个人的财富大于自己认知的时候，这个社会会有 100 种方法来收割你，直到你的认知和财富相匹配为止。"

所以，先不忙做事，接下来最重要的第一步是进行深度思考。有战略再有战术，有思路才能行动。没有经过思考的努力都是盲动，不要用战术的勤奋，掩盖战略的懒惰。

管理学中有句话叫——执行力大于一切。这句话是有毒的，执行力大于一切必须有个前提，就是决策方向必须是正确的。如果决策出了问题，越努力越失败，距离目标越来越远。

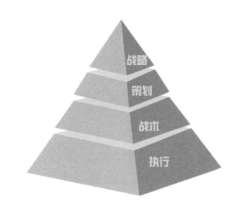

右图是行动层级图，战略占比最低，但是位置最高，执行占比最

没有战略与策略，再好的执行和努力也是空谈。

高，但位置最低。

设计师根据自己的特质，明确自己职业定位和未来达成的目标，这是战略阶段。

围绕目标明确应该学习的内容、是否调整岗位、明确努力的方向，人设建立、制定时间表，这是策划阶段。

战术阶段是明确实现策划方案的方法和手段，如要跟哪位老师学、如何学、去什么样的公司、用什么方法自我营销、参加什么样的比赛等。

执行阶段是全力以赴地付诸行动，并根据实践中的反馈，及时进行调整。所以要让战略、策略思维成为习惯。

综上，没有战略与策略再好的执行和努力也是空谈，这是出现瓶颈期的第二大原因。因为盲目努力造成的重复劳动会消耗斗志，陷入死循环。

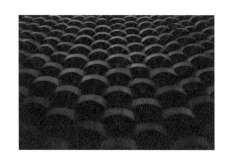

很多时候我们以为自己很努力，但效率却很低，收获也很小，因为我们把重复劳动当作了努力。重复劳动就是将时间和精力投在事情的低效率环节中，努力是将时间和精力投入在事情最高效的环节中。所以说："最可怕的是比你聪明还比你努力，而不是说比你聪明的人还比你用更多的时间。"

重复劳动在远离核心的事情上周旋，努力却在直奔目标投入精力。重复劳动最大的特征就是反复地去做对事情结果没有实质影响的实情。

就拿学习来说，最重要的是做对题，要充分理解每一题的思路。至于抄在错题本上的字迹是不是美观，排列是不是工整，对于解题能力不会有一点提升，没有实质影响。而且对已经掌握的知识点重复练习没有实质性的意义，我们做的应该是先思考并梳理自己的知识架构，看看哪里还没有掌握好，重点学习自己的弱项，而不是眉毛胡子一把抓，这样才是高效学习之道。

重复劳动对设计师而言是应该警惕的。重复劳动会锁死人的思维方式，让人丧失主动思考能力，视野局限在眼前。经过入行几年的磨炼，很多设计师会发现自己签单率还不错，收入也逐渐稳定，但又感觉客户还是这个层次的客户，作品慢慢陷入了程式化的雷同状态，没有创意没有新意。许多人在重复劳动中而不自知，因为能力已经完全胜任当前工作，还感觉比较舒服，等到瓶颈期来临再想改变往往需要经历痛苦的过程。

如何突破重复劳动的陷阱呢？我们要勇敢地走出舒适圈，进入全新的环境

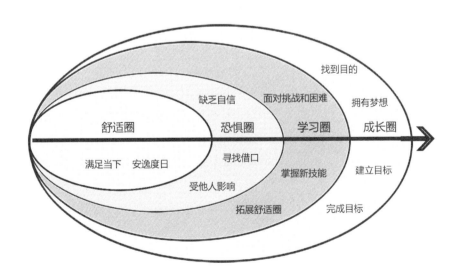

或者用更高纬度的思考方式和工作方式，这是一个成长突破需要经历的过程示意图。走出舒适圈需要勇气，突破当下瓶颈也需要伴随恐惧和痛苦，很多人会在恐惧区退回到舒适区，继续重复劳动下去。走出舒适区、敢于冒险和挑战的能力是我们成长的主要方式，但我们往往不敢迈出第一步。

事实上，舒适区的核心并不是真的关于舒适，它主要是关于恐惧。打破恐惧走出舒适区的枷锁。一旦你这样做了，你就能学会享受冒险的过程，并在这个过程中得到成长。有哪些事情是你认为值得做、但因为害怕失败恐惧而不敢做的事情？有一个小方法就是画一个圈，把那些你认为值得做但却不敢做的事情写在这个圈的外面，在圆圈内写下让你感到舒适的东西。这么做不仅能让你清楚地识别你的舒适区之外都有哪些东西，也能让你更清楚地知道你的舒适区之内都有哪些东西。要设定一个目标，不要逃避让你不舒适的东西，不要给自己找任何借口，要诚实地面对你自己。这样你就能更好地面对那些困扰你的东西，提高你进步的可能性。

想要突破瓶颈期走出迷茫期，我们还应该怎么做？有几个可行性建议。

第一，如果你够年轻，有闯劲，想给生命创造更多可能性，那就逃离小城市，到一线城市去。因为小城市锻炼机会不足，接到优质项目的概率更低。一个三线城市，城市人口总量、消费总量都是有限的，各种设计业态的总量更有限。如果你是个做商业设计的设计师，那么受到城市商业总量的影响，你每年接到的案例数量和质量都很局限，得不到充分锻炼，水平自然无法突破。而从人脉角度，小城市更容易形成圈子社会，而这些有限的资源，往往会被各种关系圈子先瓜分一波。大城市是陌生人社会，越是陌生人社会，机会越平等。

第二，找到适合自己的学习方式，无论是线上、线下、大师课或游学、看展会，想方设法让自己走出舒适区，走出熟悉的圈子和环境，不断输入新的信息和能量。挑战自己不擅长的领域，用新的更先进的方式去思考和表达，坚持一段时间就会有惊喜。

第三，大量主动不间断的训练。突破瓶颈期的成长，需要有新的知识和技能作为支撑，新技能需要大量练习才能成为自己的一部分。一万小时主动学习训练，不断总结反思，时间 × 频率 × 思考 = 水平。

第四，如果现在的环境已经让你失去激情，失去动力，那就找到适合自己生长的系统。根据性格色彩定位方法，找到属于自己的位置和方向，改变现状，必须变道行驶，更换生存方式。

第五，花时间定位自己、定向包装自己、营销自己。吸引优质客户，并在客户面前产生影响力，赢得话语权。提升服务客户的能力，客户层次升级是进阶的重要指标。

所谓定位，说到底其实就是一个选择与放弃的问题。学会选择需要敏锐的眼光和清晰的认识，学会放弃则需要彻悟的智慧和割舍的勇气。准确认知自己，清楚自己的长、短板，善于选择、勇于放弃，就能清除干扰，为自己的定位找到正确的方向。

同时，要把职业定位放在决定人生成败的高度去认真对待。一个人事业发展的高度在一定程度上决定着其在社会上的生存地位，所以，职业定位关乎一个人一生的前途。但是，许多人选择职业被太多的随意性和偶然因素所左右，并让不适合自己发挥潜能的职业和职位束缚一生。而以明确的职业定位开始职业生涯，等于走上了成功人生的顺风路。

要做到高点定位与低点起步相结合。所谓高点定位，也就是在为自己定位时把目标调高，这样可以增强自信，提高生存层次。但是不要走向极端，以至好高骛远，要在充分了解自身、了解现实的基础上，做到低点起步。不要走入自我定位的误区。有的设计师给自己定位时，常以赚多少钱、做多大咖作为标准，为此他们疲于奔命。在为金钱患得患失之时，失去了太多的东西。金钱、事业上的定位固然不可缺少，但不应是生活的全部，在给自己的事业定位之前，首先要给自己的生活状态一个正确的定位。另外，需要强调一点是要突破线性思维，升级认知水平，学会用非线性思维，多角度、多层次思考。遗憾的是线性思维统治了很多设计师的思维方式，导致在行动中深受束缚。

用简单复制过往的经验去推断未来，忽略趋势和变化。用已知结果得出单一原因，在看到一个结果时，会找到与结果相关的因素，然后认为这个因素就是导致结果的唯一原因。例如，很多设计师会将客户流失归结原因是客户没有审美水平，或者单纯以为流单是因为对方公司报价比我们低，没有检讨自身原因，没有换角度思考问题。

认为单一因素即可导致某一结果，这类思考方式究其本质都是线性思维，它们排斥其他任何可能的变量，因此一旦有了某一因素，就认定一定会有某一必然的结果。将局部结论直接用于整体。如，精装交付一定会压缩家装设计师生存空间，人工智能一定会跟设计师抢饭碗——未来设计师没前途。

这些都是单一角度的局限性思维，做一个不断进阶的设计师，一定要摒弃线性思维的束缚，学会用非线性思维观察事物，思考问题。向内认知，向外行走，勇敢走出舒适区，直面恐惧，直面挑战。找到适合自己的生存系统，实现弯道超车。最后用一句话总结一下，如果你不按照想的方式去活，你迟早会按照活的方式去想。

附：四色人格的基本特点。

1. 红色性格

红色性格的人喜欢挑战。与人交往时，通常是很直接、积极和坦率，畅所欲言的；很生硬甚至爱讽刺人，但是不一定会耿耿于怀。红色的性格理所当然地认为别人对他的评价很高。喜欢拥有观众，受人关注。如果他不是现场的焦点，会恼怒，可能伤害了别人还没有意识到。因为比较自我中心，所以可能会喜欢听到吹捧。通常是比较粗心的，容易自我满足。

(1) 天赋潜能

拥有高度乐观的积极心态，把生命当作值得享受的经验，容易受到人们的喜欢和欢迎。才思敏捷，善于表达，是演讲和舞台表演高手。在工作中能够激发团队的热情和进取心，重视团队合作的感觉。

(2) 本性局限

情绪波动大起大落，比较容易受情绪控制而非人控制情绪。口无遮拦，很难保守秘密，吹牛不打草稿，疏于兑现承诺。工作跳槽频率高，这山望着那山高，缺少规划，随意性强，计划不如变化快。

2. 黄色性格

黄色性格的人外向、有说服力、喜欢并善于交际、爱好宽泛、兴趣广泛、崇尚浪漫。在聚会中缺了他们一定显得没有意思。他们不喜欢一个人呆着，置身于聚会中，他们会很舒服。在团队中，别人通常不难猜出他们在想什么（他们是最喜怒形于色的颜色）。

(1) 天赋潜能

把生命当成竞赛，自信、不情绪化而且非常有活力，敢于接受挑战并渴望成功。说话用字简明扼要不喜欢拐弯抹角，直接抓住问题的本质。

能够承担长期高强度的压力，善于快速决策并处理所遇到的一切问题。

(2) 本性局限

在情绪不佳或有压力的时候，经常会不可理喻与独断专行。毫无敏感，难以洞察他人内心和理解他人所想，态度尖锐严厉，批判性强。对于竞争结果过分关注。

3. 蓝色性格

蓝色性格的人最喜欢的是想，是思考。他通常很平和，感情细腻、深刻，适应环境以避免敌对情况。因为性格敏感并且追求完美，所以很容易受伤。基本上性格谦卑、忠诚而且不张扬，所以不管让做什么都会竭尽所能。因为基本上是谨慎、保守而稳重的，所以决策很慢，直到所有的信息都已经核实过。这种行为可能会打击那些行动更快的人们。

(1)天赋潜能

思想深邃，独立思考而不盲从，坚守原则，责任心强。能记住谈话时共鸣的感情和思想，享受敏感而有深度的交流，默默地为他人付出以表示关切和爱。做事之前首先计划，且严格地按照计划去执行，强调制度、程序、规范、细节和流程。

(2)本性局限

太在意别人的看法和评价，容易被负面评价中伤。不太主动与人沟通。过度敏感，对自己和他人常寄予过高而且不切实际的期望。

4. 绿色性格

绿色性格的人通常是和蔼可亲、容易交往而且随和、含蓄、有自制力。不容易生气，不易被激怒，可能隐藏委屈，也可能会耿耿于怀。愿意与相对小团体的亲密的人建立亲密关系，显得心满意足而且随和，通常会表现出很有耐心而且慎重，总乐意帮助那些被当作朋友的人。胜任团队的合作关系，能够与他人和谐融洽地开展工作。

(1) 天赋潜能

天性和善，做人厚道，有温柔祥和的吸引力和宁静愉悦的气质。善于接纳他人意见，是最佳的倾听者，极具耐心。能接纳所有不同性格的人，处处为别人考虑，不吝付出。对待工作以人为本，尊重员工和同事的独立性。

(2) 本性局限

按照惯性来做事，拒绝改变，对于外界变化置若罔闻，太在意别人的反应，不敢表达自己的立场和原则。期待事情会自动解决，完全守望被动，把压力和负担通通转嫁到他人身上。

四色性格表现卡

红色性格的人，他们就是快乐的带动者。做事情的动机很大程度上是为了快乐，快乐是这些人的最大驱动力。他们积极乐观，天赋超凡，随性而又善于交际。你看到你微信里经常有人更换自己的头像，经常发朋友圈，大部分都是红色性格的人。

黄色性格，他们是最佳的行动者，他们一般都具有前瞻性和领导能力，即便遇到麻烦重重，也会第一个出手解决问题，通常有很强的责任感，决策力和自信心。意志坚强，自信，不情绪化而且非常有活力，坦率直截了当，一针见血，有非常强烈的进取心，居安思危，独立性比较强。他们控制欲强，不太能体谅他人，对行事模式不同的人缺少包容度。

蓝色性格的人的动力来源于对完美主义的追求，无论是对他人还是对自己都有很严厉的要求，内心总是希望完美的。在生活上比较严肃，思想也比较深邃，独立思考而不盲从，坚守原则，责任心强并且会遵守原则，会把事情布置得井井有条。蓝色性格的人一旦受到感情伤害的话。他们通常很难走出来，他们失恋的话通常需要很长的一段时间疗伤。

绿色性格的人，他们爱静不爱动，有平静的吸引力和温和凝聚力，最大的特点就是柔和。奉行中庸之道，为人稳定低调，做人厚道。天性是比较和善的，遇事以不变应万变，镇定自若，知足常乐。心态也比较轻松，追求平淡的幸福生活。追求简单随意的生活方式，从不发火，温和、谦和、平和，三和一体。

第十一课

我是谁，要去哪？

我是谁，我能干啥？

定位的意义

定好位的操作

定位的核心奥义

如何确定我的方向

——

我是谁，要去哪？

前几天跟一位设计师朋友老王聊天，这个老王不是隔壁老王，是挺厉害的一个设计师。我们谈到一个话题，入行这么久，自己的初心还在吗？我们当初一腔热血，充满理想。时刻梦想自己能成为像梁大咖、邱大咖等那样的知名大咖；全国接项目，做的项目各个都能成为经典；梦想自己创业，成为公司老板；梦想住在自己设计的酒店套房里，想把设计理念输出到国外；梦想成为集团设计公司的设计总监，走上人生巅峰……

现在我们的状态，与当年的梦想相距几何？我们的定位是否影响了我们当下？究竟是定位决定了段位，还是段位决定了定位呢？换句话讲，究竟是能力决定层次还是层次决定能力？

围绕这些问题，我们聊了很多，也发生了争论。我想这个问题也是许多设计师所困惑的，在这一章节中，我将详细剖析这个问题的潜台词——个人定位与目标。

什么叫个人定位？定位，通俗地讲就是寻找一个适合的位置。

一个人要想不活得稀里糊涂、浑浑噩噩，就要学会先给自己准确定

个人定位是用一句话描述你是谁，
你能解决什么问题。

位——我能做什么、想做什么、怎样去做以及成为一个什么样的人，人不能总是走到哪儿算哪儿。

懂得定位，就可以学会以理性的态度追求更好的生存状态，这样才能把命运的主动权掌握在自己手中。

个人定位是用一句话描述你是谁，你能解决什么问题。个人定位对职场人士的重要性我们在上一章中曾经详细讲过，认知自己比了解别人更重要，只有认知自己，才能准确定位，才能设定精准的成长目标。定位是确立人设的第一步，它要先于个人 IP 建立。

从这个解释上面看过来，你就知道找不好自己的定位是一件很正常的事情。还记得经典的哲学灵魂三问吗？

"我是谁？我从哪里来？我要到哪里去？"

这句话的源头是当年法国画家保罗·高更画过的一幅画的主题，他在追寻生命的意义。是一个多世纪以前，大画家高更对生命的思索和拷问。他用浓墨重彩勾勒图解出他梦幻中的 "家园"。这幅画的婴儿意指人类诞生，中间摘果是暗示亚当采摘智慧果寓人类生存发展，尔后是老人，整个形象意示人类从生到死的命运，画出人生三部曲。

无论是艺术家还是设计师，无论是生命还是职业，都需要一个确切精准的定位。

1897 年 2 月，高更在塔希提岛上完成了这幅画，这是他创作生涯中最大的一幅油画，我们从哪里来？我们是谁？我们往哪里去？这幅画，用他的话来说，"其意义远远超过所有以前的作品，我再也画不出更好的有同样价值的画来了。"

这是人生的定位，这个答案高更用了一生去寻找，很多人找不到答案或者花了很多年找到的答案和自己心里最初的答案根本就不一样。同理，那么对于个人品牌的定位，怎么可能是想一想就能确定精准的定位呢？

许多人常常将定位与个人 IP 混为一谈，而实际上定位与个人 IP 并不是一回事。尽管这两个词常常可以互换，但两者的概念并不相同。定位实际上位于个人 IP 的上游，也就是说在创造个人 IP 之前，必须先确定好其理想的定位。定位不是你对自己要做的事，而是你对潜在客户要做的事。也就是说，你要在潜在客户的头脑里给自己定位，告诉客户你就是他的菜。

定位即意味着专注小部分，
舍弃大部分，定位即意味着牺牲。

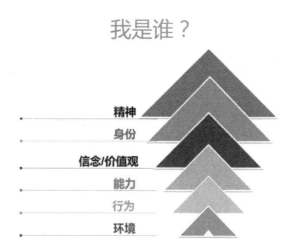

向别人展示"我是谁"有上图中5个方面因素：精神，要具备与客户交流的精神力量，身份，要有足以匹配客户价值的身份；信念／价值观，要与客户同频；能力，要有充分的解决问题能力；行为，执行力要满足客户需求；环境，我身处的环境和我周围的人要与我的定位相符。

从来没有真正物美价廉的商品，也没有童叟无欺的商业模式，更没有老少通吃的设计师。很多设计师愿意在工作室的介绍上写：专业大宅别墅、商业空间、酒店会所、教育医疗设计。这种介绍，给人的感觉就是样样通，样样松，没有专注点就没有定位。你最擅长做的只有一部分户型，一种业态，服务一部分客户。定位即意味着专注小部分，舍弃大部分，定位即意味着牺牲。

定位的意义是什么？定位是尝试说明你与其他人有什么不同，同时是你核心竞争力的宣言。它精确地解释了以下问题：
我能提供什么样的产品或服务；
向谁提供产品或服务；
我的产品或服务为什么重要；
我的产品或服务是怎样实现与差异化区分的。

颜回说，弱水三千只取一瓢。多了就喝不了，这是有大智慧的，能够放弃某些利益找到自己的最强能力，并不断打磨训练，才能使主业更突出，更有竞争力。关键问题来了，要如何进行定位呢？

记得上中学时候有一个木桶理论非常盛行，说一个木桶能盛的水量取决于最短的那块木板，言下之意人的成绩取决于能力的最短板。于是很多人开始花大量时间精力拼命"补短板"，反而把最擅长的"长板"慢慢弱化了。

梳理自己的专业领域，并将其细分，
描述自己的特长，并将其强化。

这个木桶理论显然归于毒鸡汤一类，在当下职场是完全不适用的。我们立足之本往往是木桶的最长板，"扬长避短"是我们定位的基本逻辑。

做好定位第一步，梳理自己的专业领域，并将其细分，描述自己的特长，并将其强化。

比如我学员中有一位，做设计 8 年之久，一直在一个中型设计公司工作，设计能力一般，客户质量也参差不齐。收入不高不低，时常抱怨业主没有审美，无法落地实现自己的理念。近几年随着从业时间增加，自己的经验非但没有正向积累，当初的对设计的热爱和激情反而日渐减少，设计中套路的东西越来越多。他自己感觉遇到瓶颈，无法突破天花板非常苦闷。

经过梳理后，我发现他接触的客群中有一批有品位、讲究格调的客户，而他又对红酒、雪茄颇有研究，工作之余喜欢品红酒，抽雪茄，还专门在工作室搞了一个恒温酒柜和恒湿雪茄柜。我建议他把自己的爱好定位放在红酒、雪茄这个类目上，给自己设计师职业上贴一个红酒、雪茄专家的标签。因为他的客户群体中，有相当部分对红酒和雪茄是有需求的。他的这个细分定位，可以与普通设计师有明显区别，并且对他的本职工作也是加分的。他在红酒方面的专业知识过硬，可以成为客户选择红酒方面的顾问，客户会更加信赖他。

后来他就开始在工作中有意营造这种红酒、雪茄专家形象，还定期搞小型的品酒、品雪茄的沙龙。果然得到很多高端客户圈子之间相互介绍推荐，以此定位和很多客户成为朋友。有了对他红酒、雪茄知识的信任，客户自然也会相信他的设计能力，他因此签了很多单，突破了瓶颈期，实现职场第二次发展，靠的就是这个细分领域的优势。

第二步，将其由内而外化，打造适合自己的衣品，塑造适合定位的形象。

现实中的设计师，加不完的班、定不下的稿，被甲方爸爸虐到胡子拉碴，不修边幅，彷佛这才是"行内人"对设计师的标配印象。其实设计师们的衣品很难被一套固定的逻辑束缚，除了雷打不动都偏爱黑色、性冷淡风以外，到底设计师应该如何穿搭呢？总体原则是要体现专业性，有神秘感；有艺术范儿，有气场；不花哨，不轻浮。

再讲一下 55387 定律，依据心理学家的说法，别人对你的观感取决于55387 定律。就是，7% 的谈话内容，38% 的肢体动作及语气，而 55% 的体现在外表穿着打扮。可见他人的判断与认识有超过一半以上的比例是从穿着的外表来的。穿着是十分有力的表达，在所有的言行中最能揭示信息，服饰也是向他人表明身份的重要方式。在这个看脸的时代里，设计师的仪表非常重要，因为服饰覆盖了人体近 90% 的面积，当我们还没有看清一

第一印象 55387法则

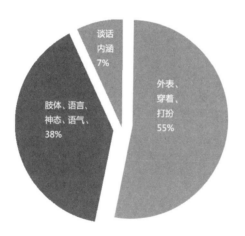

个人的容貌，来不及了解对方的心理状态、思想内涵的时候，大面积的服饰往往已经给客户重要的提示。服饰讲求品位，服饰的品位是个人品位的物化，成功的物化过程不是随随便便可以完成的，是要靠知识、修养与主观努力一步步实现的。

室内设计师的外表、穿着都要注意设计行业的潜规则：工作时间见客户永远要穿有领子的衣服，长裤。就是说即使休闲风格也要有度，不能穿拖鞋老头衫短裤。这是需要注意的。

外表有些喜欢留长发或者光头或者留胡子都没问题，但一定要打理干净，显示出艺术和技术的结合；工作时间见客户衣着色彩宜简洁不要花哨，很多设计师喜欢一身黑色，但也不必强求，根据个人身材气质定，注重色彩简洁搭配。秋冬可稍微配饰麻质围巾带出一点色彩。如果客群相对高端可以选择轻奢类衣服品牌，可以小众但不要穿假名牌。无论如何鞋子要干净，尤其是皮鞋要擦过，即使从工地回来也要掸干净。观察那些设计大师的穿着打扮，会有一定启发，穿着"衣品"是天赋，也是后天可以习得的，对于不是很有主见的星座，模仿也是一个方法。

第三步，为给自己贴标签，特定范围和领域，找到属于你的名词，而这个词恰恰又能很好地概括你为别人创造价值的核心能力。

但是作为普通人，在工作上技能不足，也没有什么特别突出的特长或者专注的兴趣，那该怎么办呢？那这个时候就不要空谈定位，而是去看作什么是有结果的。很多人在有个人品牌之前，并不明确是会发展到现在这样的，而是一直在做能看到结果的事情，才慢慢有了今天的成绩。

但是你知道做什么事情能有结果吗？你当然不知道，但是你可以找对标呀。

你遇到的哪些人做得特别好，变现优秀或者个人品牌突出，你想成为他那样的人，就可以把他定位的领域作为自己的初步定位。然后持续地学习并了解这个领域，当你做得越多，了解得越多的时候，对自己的定位一定会有新的认识。

小结：定位不是去创造某种新的、不同的事物，而是去重组已存在的关联认知。越简洁越好。要"削尖"你的信息，使其能深入人心。选定某一个具体的概念，把它与自己联系起来，不要问自己是什么，要问自己在潜在客户心中的形象是什么。要聚焦于自己的专业，让自己成为独一无二的专家。

问题来了，有人说，我各方面都不突出，怎么破？首先是你的自我认知力不够，没有发现自己的特长所在。其次，就算你在设计领域中属于资质平庸，没有特别擅长的细分领域，也可以在周边领域做出辅助加分，让自己的综合能力变得突出，实现差异化定位，树立特定个人IP。

比如有一位设计能力在当前城市属于中等水平的设计师，想要建立自己的IP，显然，从设计能力这单一选项上无法完成。这种情况，我建议是他要从设计周边的能力进行强化，比如，对产品渠道了解整合、软装的专业度，奖项方面加分在摄影、参展、演讲输出等周边能力如果各加一分，总分数

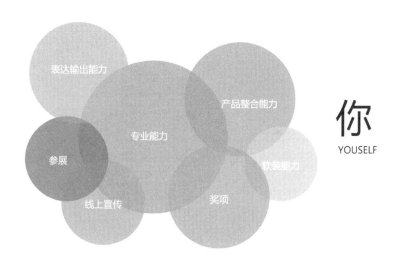

就会弯道超车。

上图中的每一项既是你强化本职能力的项目，又是你独特标签的加分项。可以看到主业以外的辅助项目，让你的定位更加突出，个人 IP 更加立体。

当定位工作完成，我们有了清晰的目标和方向，下一步就是要去哪，即如何保持持续进阶的能力。

还记得我们讲过设计师的战略、策略、战术、执行之间的关系和主次吗？关于进阶也是同理，设计师根据自己特质，明确自己的职业定位和未来达成的目标，这是战略阶段。围绕目标明确应该学习的内容、是否调整岗位、明确努力的方向，人设建立、制定时间表等，这是策划阶段。战术阶段是明确实现策划方案的方法和手段，如要跟哪位老师学、如何学、去什么样的公司、用什么方法自我营销、参加什么样的比赛。执行阶段是全力以赴付诸行动，并根据实践中的反馈，及时进行调整。

最后一个问题，怎么进一步确定自己的定位是有效的、有价值的？在明确自己的定位时，需要找到以下 4 个问题的答案。

a. 我为谁解决问题？（客户群体是谁）

b. 我为他们解决什么问题？（满足需求）

c. 我能为他们提供什么样的差异服务？（确定核心竞争力）

d. 最终达到什么样的目标？（确定这个定位的价值）

针对自己的定位寻找这几个问题的答案。第一个问题，要精准给目标客户进行画像，确定他们的行为习惯和喜好，用户画像又称用户角色，作为一种勾画目标用户、联系用户诉求与设计方向的有效工具，用户画像可以让设计师的服务对象更加聚焦，更加的专注。第二个问题，要考虑用户在你定位这个领域的痛点和需求是否足够痛，足够深。如果这个领域需求小，或者是伪需求，那么这个定位也需要及时调整。第三个问题，可以确定以后长板的增长方向，以及未来努力的方向。第四个问题，就是自己做这个定位的初心，始终不要忘记我们当时从事这个行业的初心，不要一遇到困难就退缩，也不要只盯着眼前利益。

定位必须精准，但是在做不到精准的定位时，只要确定了自己想做的领域，就可以在实践中找到定位的黄金点。你能画出一个圈，就不要站在圈外犹豫，肯定是在圈内才更接近目标，而不是在圈外纠结。

当有一个模糊的定位意识时，不断的围绕上面几个问题去找答案，当答案

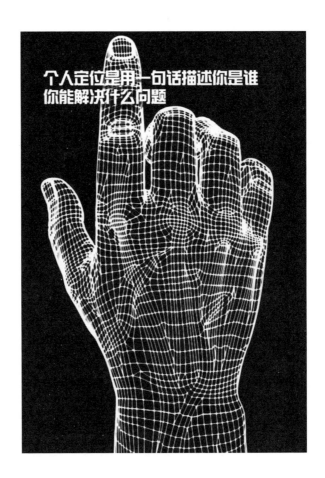

越来越明确，你的定位就会越来越清晰。

这里所说的找答案，不是只局限于空想，而是主动实践加试错，快速调整找准方向。有时候，定位就是在不断探索中凸显出来的。

定位方向一定是可以落实的事情，比如教别人怎么保存红酒，如何选购红酒杯，教别人用哪种渠道可以订购高定家具，如何选购高端厨电，如何匹配智能产品，如何升级生活方式等，一定是切实可行的事情，而不是想当然的定位。

这就是本课内容，有些烧脑，但理解后一定会让你思维升级一步。最后祝各位能够向内认知，向外行走，认知自我，定位自我，树立个人IP。

想赚高设计费？先让自己高价值

设计为啥要收费？

设计师还有成本？

设计费高低的关键

如何让自己变得更值钱

——

想赚高设计费？先让自己高价值

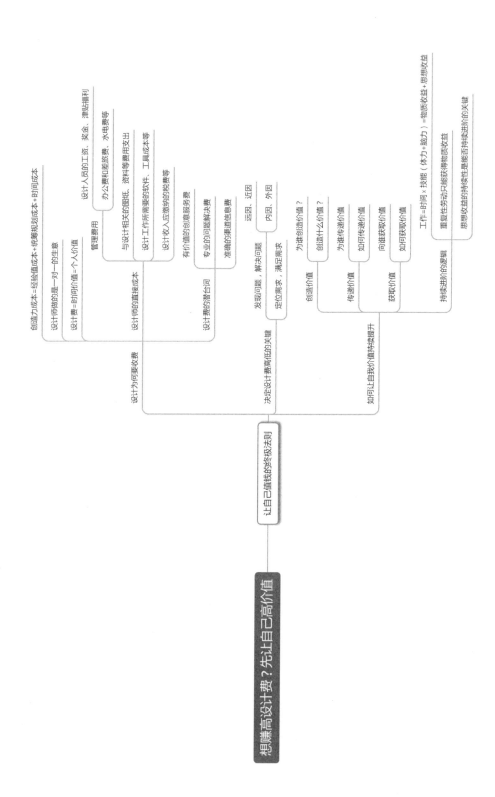

　每位设计师都有一个高设计费的梦想，因为设计费是设计师的收入来源，设计费高低也是衡量一个设计师水平高低的通俗标准。但是许多设计师和学员在和我聊天时都曾经发出这样的感慨：为何发际线一年年提高，而设计费还是原地踏步呢？看看自己的设计费几年没提高，而一波又一波的新人入行，几年间竟也开始崭露头角，设计费敢要敢收，张口 500 元起步，真的要被后浪拍到沙滩上了吗？到底哪里出了问题呢？论经验、论水平、论资历都不差，为何客户就是不认可呢？

这一课，我们就来聊聊这个扎心的问题，为什么年龄越来越大设计费却总是原地踏步。我们首先聊第一层面：设计为什么要收费？

众所周知，设计是把一种设想通过合理的规划、周密的计划，通过各种方式表达出来的过程。对室内设计而言，设计即是用合理的方式、运用合理工艺材料满足不同生活需求，表现不同的空间氛围。在这个过程中，貌似思维和理念都不需要具体成本，很多客户也是这样的想法，于是便说出了"随便画画，请你吃饭"类似这种欠打的话 。

但是我们要明确一点，设计师不但有成本而且成本很高。要知道，创造力成本 = 经验值成本 + 统筹规划成本 + 时间成本，而且因为设计师做的是一对一的生意，永远无法将单位时间无限复制，无法做成 1 对 N 的商业，因为单位时间是固定且有限的，所以设计师的成本很高。

从某种意义上来讲，设计费 = 时间价值 = 个人价值。

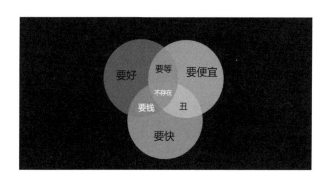

上图中直观表现了设计费与时间和质量的关系，要好要便宜，就要等；要好要快，就要加钱；要便宜要快，肯定设计丑；要好要便宜要快，不存在的。

设计费的显性成本还包括：

a. 管理费用，包括设计人员的工资、奖金、津贴福利、办公费和差旅费、水电费等；

b. 与设计相关的图纸、资料等费用支出；

c. 设计工作所需要的软件、工具成本等；

d. 设计收入应缴纳的税费等。

第二层面，设计费的潜台词是什么？是有价值的创意服务费，是专业的问题解决费，是准确的渠道信息费。

生活中周边的一切，大到一座大厦、小到一支铅笔，都离不开设计师的创意。设计师要通过与客户的短暂交流，发现并解决空间的问题，挖掘并满足客户的需求。通过客户只言片语和不够准确的表达，精准定位空间属性，做出匹配客户生活的空间质感。这是第一层面，创意服务费。

同时设计师要根据房型特点、客户身份、性格、经济状况等因素把房屋的格局、空间的分布、厨卫的改造、收纳功能的打造等方面进行周密规划，统筹安排，对接各方，解决各方面的问题。这是第二层面，专业的问题解决费。

设计师在设计、预算统筹规划的基础上，要进行与客户价值匹配的选材，为业主提供有价值的高性价比渠道信息，并受业主委托进行采买。从前期基材、主材到后期软装家具等。这是第三层面，准确的信息渠道费。

—

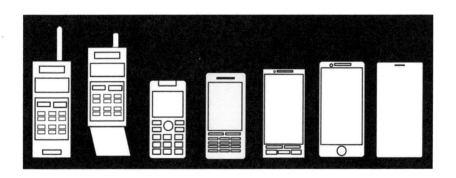

对照一下以上两组图片，第一组是汽车的内饰的对比，第二组是手机发展历程。我们会发现一个现象，好像设计的大趋势都是越来越极简，这种风潮也进一步影响到了生活的各个方面，包括室内设计中。

上页两幅图正是 10 年前流行的风格与近几年极简风格的对比，也是从烦琐到极简方向发展。但是，我们需要明确的是，工业产品的设计发展虽然外观变得极简了，而产品的功能性变得非常强大。其外观不断简化的同时内部却变得异常复杂，一个小小芯片集成的晶体管数量就数以亿计，这是工业产品设计的两极化概念，即操作愈发简化，技术愈发复杂，功能愈发强大。值得我们反思的是：室内设计在视觉极简化的同时是否解决了更强大的功能与更高舒适性的问题呢？如果一味仅追求视觉化，做徒有其表的肤浅设计，那反而一种倒退了。

设计的意义是什么？武藏野说，设计是发现生活中的冲突与矛盾，并用恰当手段和材质解决问题的过程。总结成 8 个字，即发现问题，解决问题。

了解问题的本质，寻找问题的原因，这是非常重要的。吉德林法则说，只有先认清问题，才能很好地解决问题，发现问题比解决问题更重要。那如何才能最准确地找到问题呢？最简单的总结一句话，问题即现实与期待的差距。能否准确定位问题，也是考验设计师能力的重要标准。

换言之，设计师想要完成进阶，提高设计费并非是单一设计水平的进阶，其分析问题定位问题的能力一定要在设计之前完成进阶。

举个例子，我们之前讲过的肯德基和星巴克为何排队方式不同，这其中有什么商业逻辑，这种方式发现了什么问题又解决了什么问题呢？

再进一步思考，我们去高速路服务区需要解决什么问题，我们的潜在需求是什么？迪士尼为什么每天晚上八点半要放烟花，背后的隐形逻辑又是什么？宋·川菜餐厅花了 3 年时间投资 3000 多万，需要多久收回成本？

这几个问题大家可以认真思考一下，究竟什么才是问题背后的真正答案。

决定设计费高低的关键不在方案和图纸中，而在思想中。我们能够精准发现问题，解决问题，定位需求，满足需求这是我们能否收到高设计费的关键。

所以要训练一双发现问题的敏锐的眼睛和一个解决问题的睿智头脑。

那如何发现问题并解决问题呢？非线性思维告诉我们，任何问题都有多元性，都有远因、近因，内因和外因。在定位问题时，如果能将这 4 种因素精准分析，解决问题的时候就会事半功倍。

我们的大脑无时无刻不在运转，思考出来的大多数都是无意义且混乱的想法。并不是我们不聪明，而是因为我们没有掌握系统的思维能力。

问题因素

 我们聊到此，关于设计的美学方面丝毫没有谈，只在思维方面不断探讨，如果我们掌握正确的思维逻辑，发现问题的能力，解决问题的方法，那么美学问题就迎刃而解，不需要花太多心思。我们将诸多因素进行综合分析、定位，最终得到的核心问题，这种方法被称为问题漏斗。

空间
时间
客群
需求
成本
……

核心痛点=核心问题

小结: 能否准确发现问题,能否解决问题,能够解决多大的问题,是设计费高低的决定因素。

那如何才能将价值变成价格,并保持自我价值不断提升呢? 我们把价值分为 3 个阶段,分别是创造价值、传递价值和获取价值。我们要思考以下问题。创造价值:我为谁创造价值,创造什么价值? 传递价值:我为谁传递价值,如何传递价值? 获取价值:我向谁获取价值,如何获取价值?

第一,先不要想获取价值,或者提升价值,这都是伪命题。首先要想的是创造价值,这就是商业的基本规律。给客户创造价值,你才有活下去的可能。无论什么商业模式,都要回到原点,要为客户创造价值。

第二，形式与功能冲突，形式服从功能。所谓减法不是将形式感简约化，而是用尽可能少的形式包含尽可能多的功能。对比以下图片，这种认知会更加清晰。

清中期的大杂烩瓶和宋代的汝窑瓶，虽然后者从表面纹饰上好似空无一物，但这种自然开片耐人寻味，有百看不厌的美感，蕴含东方意韵。"雨过天晴云破处""千峰碧波翠色来"，简简单单两句诗，却道尽了青瓷的色泽之美。

反观日本枯山水也是同理，枯山水是日本园林的一种，由中国汉代传入日本，但也是日本画的一种形式。枯山水字面上的意思为"干枯的景观"或"干枯的山与水"。一般是指由细沙碎石铺地，再加上一些叠放有致的石组所构成的缩微式园林景观，偶尔也包含苔藓、草坪或其他自然元素。枯山水并没有水景，其中的"水"通常由砂石表现，而"山"

极简的逻辑是形式越简单，
内涵越多元，意境越深远。

通常用石块表现。有时也会在沙子的表面画上纹路来表现水的流动。枯山水常被认为是日本僧侣用于冥想的辅助工具，所以几乎不使用开花植物，这些静止不变的元素被认为具有使人宁静的效果。

受到自然资源、工艺方面限制，没有像中国园林一样做得精巧雄奇，却无意间让人感受到化万物于一隅，纳须弥为芥子的格局。

极简的逻辑是形式越简单，内涵越多元，意境越深远。

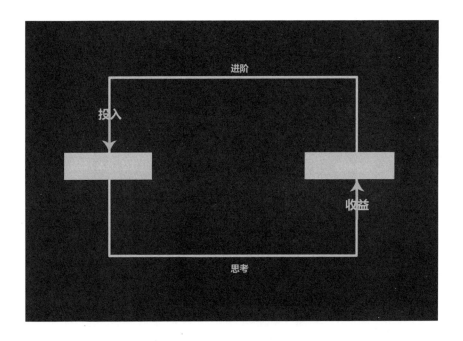

第三，设计师小伙伴们应该明确持续进阶的底层逻辑，工作时间长≠能力强≠段位高。工作＝时间×技能（体力＋脑力）＝物质收益＋思想收益，重复性劳动只能获得物质收益，而无法持续获得思想收益。而思想收益的持续性是能否持续进阶的关键。

简单来讲，思想收益约等于物质收益。只有正向持续不断地增加思想收益，才能够持续提高自我价值，实现进阶，解决问题能力提高，设计费自然水涨船高。

综上，设计师自我价值提高，才能收到高设计费。而设计师价值高低的标志就是发现问题、解决问题的能力如何。解决问题的能力和效率，基于不断进阶突破天花板，而进阶的逻辑就是持续不断地积累思想收益。

希望大家通过这一课找到束缚自己设计费的问题和症结，突破原有段位，让自己的设计费飞起来。

第十三课

做能带货的设计师

什么是带货

带货的意义

为啥要带货

带货的方法

带货的思考

做能带货的设计师

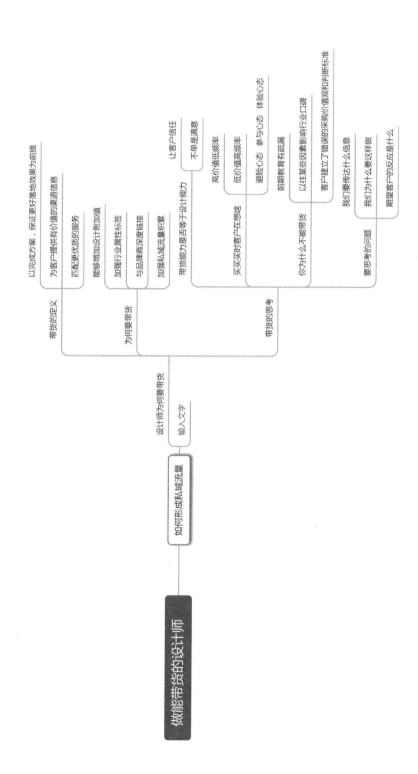

2020 年春节过后，全球新冠疫情越发严重，宅经济倒逼直播带货大火。这一年也被称为直播带货元年。不仅淘宝、京东这些传统的电商平台早就开启了直播销售，以抖音为代表各大短视频 APP 中，也有大量主播纷纷开启带货模式。似乎一夜之间，大家突然醒悟——流量变现的最好方式就是带货。诸多行业大咖和明星也纷纷加入直播带货大军，一时间，你方唱罢我登场，疫情期间虽足不能出户，手机屏幕上也热闹非常。

从李佳琦的"OMG！我的妈呀，买它、买它、买它！"到薇娅直播间卖火箭，还有董小姐甚至马爸爸，都在直播间忙得不亦乐乎。

2020 年 4 月 1 日愚人节，罗永浩定在这天开始第一场直播带货。这一天是他和锤子科技旧部黄贺、朱萧木、草威等人共同挑选，他们 "对这个日期有感情"，过去在锤子科技，每年都会在愚人节做各种活动。愚人节的直播持续了 3 小时 17 分钟，最终成交数据突破 1.1 亿元。

从罗永浩的 1.1 亿到张庭的 2.5 亿，抖

音直播带货最高纪录的更新花了 2 个月。作为短视频平台，抖音对于带货变现的渴求和电商们相比有过之而无不及。罗永浩打响头炮后，抖音成为不少明星入海直播带货的选择。

我们先来重点聊 3 个话题：带货的定义，为啥要带货，带货的正确姿势。

带货是网络流行词，表达的意思指明星等公众人物对商品的带动作用。现实社会中，明星们对某一商品的使用与青睐往往会引起消费者的效仿，掀起这一商品的流行潮。

设计行业中，带货是设计师在配合客户落地方案过程中，为保证最终效果而给客户推荐主材品牌的行为。当然除了保证效果，可能也有别的想法。设计行业中的带货，是以完成方案，保证更好落地效果为前提，为客户提供有价值的渠道信息，更高端产品信息，更优质服务的过程。那么设计师可否开启带货模式么？

很多行业内人士对此颇有争议，一方认为，设计师带货是为了赚取额外收入；另一方认为，设计师带货能够给客户省钱，又能实现更好的落地效果，何乐不为？

那作为设计师，到底要不要带货呢？一定要带，而且要带好！带货意义在于，首先能够保证方案落地效果，同时也是全案设计师的分内事。其次产品也是方案管理的重要方面。而更重要的是能够增加设计附加值，加强行业属性标签，与品牌商深度链接，加强私域流量积累。

所以，不但不要拒绝带货，而且要把这个事情做好 。

在这里还要着重强调一下与设计师段位密切相关的几个指标。

第一，设计附加值。设计附加值是通过设计改变空间状态，解决主体问题，满足主体需求，进而影响空间中人的行为和引导生活方式的改变，此时的设计可以作为产品，发挥使用功能以外的价值。

那么同理，设计师的附加值在于，对分内工作能够用专业能力搞定，同时可以帮助客户解决选材、预算控制、空间氛围、生活方式引导等方面的事情。家装客户消费趋势已发生了明显的改变，人们将注意力更多地转向功能之外的精神文化追求，日益倾向感性、品位、心理体验等抽象标准。

作为一名设计师，要清醒地意识到，只有高附加价值的设计才能够在激烈的竞争中脱颖而出。所以，在设计落地过程中，设计师应该有意识、有效主动地运用设计手段来提高设计的附加值，从而成功地巩固和占领市场，获得成功。

这个过程中，离不开带货。

第二，有利于强化行业属性标签。对设计师来讲，如何能在众多同行中脱颖而出呢？一定要有我们自身的属性标签。设计能力分为几个方面，概括讲是发现问题、解决问题，深入讲就涉及到对于空间规划布局、对于色彩风格、对于材料工艺、软装配饰等，还有重要方面就是对于过程中产品的把握和定位。能够准确地把握产品，帮助客户选择最适合的产品实现最优落地效果，这是设计师强化行业属性的加分项。

第三，与品牌商的深度链接和私域流量积累。这方面是对于获客角度来讲的，设计师获客渠道需要不断拓宽，其中与品牌商的链接可以说是非常必要且稳定的。现在客户装修的选择顺序不再是先从装饰公司开始，很多时候，客户先定家具，再定风格，或者先参加商场团购活动，再找设计师。我们要习惯这种产品前置的现象，抓住这个趋势，与优质品牌商强化链接，产品客群与设计师客群实现高度匹配后，获客自然就轻松许多。私域流量也是同理，指的是品牌或个人拥有的、能够自主控制的、高效的、屡次使用的流量。要做到线上与线下相互结合，相互促进。

为了做好带货的设计师，定位针对用户痛点的同时要具备核心渠道流量能力。如果我们做团队，肯定是需要人加入跟随的，那么别人凭什么跟随我们呢，因为我们段位高吗。设计段位高，并不代表能帮助团队成员。而做业务想让团队跟随并支持我们，第一动力肯定是为了赚钱。那么在认可设计的前提下，团队首要解决的肯定就是获客的问题，如果有核心的流量解决方案，哪怕就是在一个平台做出了成绩，别人也是能看到希望的。所以想把业务做好，找到定位强化个人品牌是一方面，在个人品牌的成长阶段，还要努力的打通流量渠道。

我们继续思考几个问题，带货能力是否等于设计能力，带货中要思考的问题是什么，买买买时客户在想啥，你为什么不能带货。

第一，带货能力虽然与设计能力不直接画等号，但是却直接反映出设计师对客户的需求把控，以及客户对设计师的信赖程度。优秀的设计师一定是能够做到让客户信任，而不单是满意，满意与信任是马斯洛需求理论的两个层次。

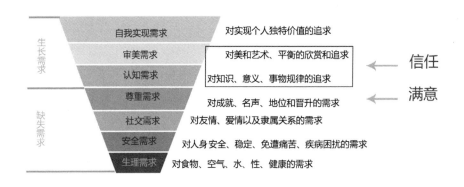

马斯洛需求层次理论中，详细阐述了人类从生理需求到精神需求的进阶关系，其中满意是被动的，属于自我尊重的范畴。而信任是主动的，是对认知和审美的主动追寻。作为设计师应该做引导者，而不是跟随和执行者。

同时带货也是一种标准，检验前期对客户的教育，是设计师综合能力的体现。对客户的前期教育直接关系到客户对你能否建立信任，所有服务的过程一定伴随教育的过程。只有正确的教育才能成功地引导客户，要让客户建立正确的采购价值观和判断标准。我们之前讲过，千万不要把客户教育成一个杠精。有的公司会用制造恐慌的方式吸引客户，用对信息不对称产生的焦虑来引导客户，并大张旗鼓爆料所谓"防坑指南"，岂不知得到的也许是短期的业绩上涨，换来的却是市场对于行业的质疑，这种损人不利己的事情千万不要做。

我们所传达的产品信息和渠道信息一定是具有创新
精神的，具有视觉美感的，信息组织结构清晰的，
同时是以客户、以方案效果为导向的。

第二，带货中要思考的问题是什么？主要包括以下三点，我们要传达什么信息？我们为什么要这样做？期望客户的反应是什么？在这里我们一定要考虑清楚，我们所传达的产品信息和渠道信息一定是具有创新精神的，具有视觉美感的，信息组织结构清晰的，同时是以客户，以方案效果为导向的。

这几点非常重要，我们提供与输出的信息首先一定是对客户有价值的，这样才能保证我们的初心和动机是正向的。

第三，买买买的时候客户在想啥？人们购买不同商品的心态有很大差异，买盐、买水、买烟和买电器、买家具的心态完全不同，购买日用品、消耗品和耐用品的心态不同。通常来讲，价格越高，风险意识越强，越在意保

障，价值越高客户参与意识越强。家装中的产品显然属于高价值低频率的商品，我们要认同并满足客户的参与感，解决客户对后期保障的焦虑。

第四，你为啥不能带货？主要有 3 种原因：前期教育有疏漏，客户对设计师没有建立足够信任；以往某些因素影响行业口碑，导致客户对带货行为有偏见；客户建立了错误的采购价值观和判断标准。针对以上 3 种原因，我们要分别对待，做好前期教育，努力建立以"父爱法则"为基础的引导关系。建立正向的价值导向，树立行业正向的口碑评价，积极展示行业的阳光面，扭转客户被错误导向扭曲的认知。

小结：设计师不应该排斥带货行为，带货的意义在于为客户提供有价值的渠道信息，更高端的产品信息，更优质服务，这种行为的前提是保证方案的完整度，体现更好的落地效果。带货对于建立私域流量，强化行业属性标签是重要的加分项。

所以，让我们行动起来，做一个能带货的设计师吧！

第十四课

设计师应该重视的心理学按钮

设计师的心理学按钮

父爱算法与母爱算法

二八法则

损失厌恶

熵增定律

知识的诅咒

峰终定律

马太效应

—

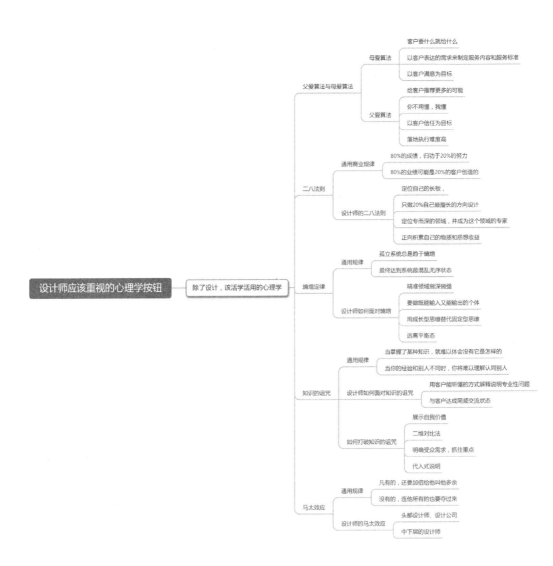

设计师应该重视的心理学按钮 —— 除了设计，该活学活用的心理学

父爱算法与母爱算法
　母爱算法
　　客户要什么就给什么
　　以客户表达的需求来制定服务内容和服务标准
　　以客户满意为目标
　父爱算法
　　给客户推荐更多的可能
　　你不用懂，我懂
　　以客户信任为目标
　　落地执行难度高

二八法则
　通用商业规律
　　80%的成绩，归功于20%的努力
　　80%的业绩可能是20%的客户创造的
　设计师的二八法则
　　定位自己的长板，
　　只做20%自己最擅长的方向设计
　　定位专而深的领域，并成为这个领域的专家
　　正向积累自己的物质和思想收益

熵增定律
　通用规律
　　孤立系统总是趋于熵增
　　最终达到系统最混乱无序状态
　设计师如何面对熵增
　　精准领域做深做强
　　要做既能输入又能输出的个体
　　用成长型思维替代固定型思维
　　远离平衡态

知识的诅咒
　通用规律
　　当掌握了某种知识，就难以体会没有它是怎样的
　　当你的经验和别人不同时，你将难以理解认同别人
　设计师如何面对知识的诅咒
　　用客户能听懂的方式解释说明专业性问题
　　与客户达成同频交流状态
　如何打破知识的诅咒
　　展示自我价值
　　二维对比法
　　明确受众需求，抓住重点
　　代入式说明

马太效应
　通用规律
　　凡有的，还要加倍给他叫他多余
　　没有的，连他所有的也要夺过来
　设计师的马太效应
　　头部设计师、设计公司
　　中下层的设计师

在前面文章中，不知不觉讲过一些心理学按钮，比如，马斯洛需求层次理论、损失厌恶法则、同频定律等。这些心理学的法则如同物理学、数学中的定理一样，客观存在且持续影响我们的生活。如果我们能够了解并掌握这些心理学的法则，就可在方案和洽谈中灵活运用，能够辅助我们思路更开阔、效率更高、进阶更快。在这一课当中，我们将详细分解能应用在设计中的心理学法则，并阐述和设计师之间的关系，以期让各位学会并在工作中活学活用。

我们来讲的第一个心理学按钮，父爱算法与母爱算法。

这个算法阐述的是我们和客户的关系问题。前面文章中提到，客户不是上帝，设计师也不能沦为"管家"和"跟班"。要用"老中医"和"专家"的身份来引导客户，和客户建立平等交流、同频共振的状态。让客户变成朋友，变成粉丝，变成业务员。做父爱算法的实践者，这样才能正向积累人脉关系，实现跳跃式发展。

母爱算法的核心是按照消费者的行为为消费者提供服务，也就是客户要什么就给什么。以客户表达的需求为目标来制定服务内容和服务标准，是以满足为导向的思维方式。

父爱算法的核心是给客户推荐更多的可能，也就是给他还不知道的好东西，带客户去他们还不知道的好地方，满足他还没意识到但对他很重要的需求。背后的精神就是8个字：你不用懂，因为我懂。

最经典的是乔布斯和苹果，在用户拿到 iPhone 之前，是想象不出来它的样子的，乔帮主甚至说，客户不清楚他们想要的真正是什么，但我们知道。直接给用户带来一个全新的颠覆性产品，但这个产品却能够切中客户的隐性需求。

这就是满意与信任的区别，我们要努力做到让客户信任，而不仅仅是满意。因为信任是主动行为，而满意是被动行为。

当然，父爱算法的落地执行过程中会更难，一方面对于专业度有较高的要求，另一方面要求设计师对行业和用户理解后在创新创意上有足够的水平，

父爱算法与母爱算法。

也要求设计师在细分领域有足够的专业性,并不断实践突破。

我们要讲的第二个心理学按钮是二八法则。二八法则这个词,我们在工作中经常听到。意大利经济学家帕列托在对 19 世纪英国社会各阶层的财富和收益统计分析时发现,80% 的社会财富集中在 20% 的人手里,而 80% 的人只拥有社会财富的 20%,这就是二八法则。二八法则反映了一种不平衡性,但它却在社会、经济及生活中无处不在。设计师往往会认为所有客户都一样重要;所有方案、每一个细节都必须付出相同的努力,所有机会都必须抓住。而二八法则恰恰指出了在原因和结果、投入和产出、努力和报酬之间存在这样一种典型的不平衡现象,80% 的成绩,归功于 20% 的努力,80% 的业绩可能是 20% 的客户创造的,而 20% 的客户可能给商家带来 80% 的利润。遵循二八法则的企业在经营和管理中往往能抓住关键的少数顾客,精确定位,加强服务,达到事半功倍的效果。

二八法则对于设计师个人的专业细分也同样适用,我们以设计专业为安身立命的专业,但这个行业中的选择太多,有各种不同的设计方向。如果我们贪大贪多,觉得什么空间都能设计,什么案子都能接,什么客户都能谈,就会陷入低效且盲目的状态中,成为"低效族"。

正确做法应该准确定位自己的长板，只做 20% 自己最擅长的方向设计，定位专而深的领域，并成为这个领域的专家，这样就会正向积累自己的物质和思想收益，实现平稳快速进阶。

对于设计公司和设计师来讲，我们如果合理运用二八法则就能够提高效率，精准筛选目标客户，筛除非目标客户。针对 20% 高价值客户来进行精准画像，精准营销，制定准确的市场政策，把时间用在高价值高回报的客户身上。

对于装饰设计公司，这个法则的应用方面如下。

一是"二八管理法则"。公司主要抓好 20% 骨干力量的管理，再以 20% 的少数带动 80% 的多数员工，以提高效率。

二是"二八融资法则"。公司要将有限的宣传资金投入到重点小区上，采用最匹配目标客户的营销方式，不跟风，不盲从。以此不断优化资金投向，提高资金使用效率。

三是"二八营销法则"。经营者要抓住 20% 重点用户，渗透营销，用 20% 客户的业绩，带动 80% 的市场。

二八法则这个心理学按钮要求装饰设计公司、设计师在工作中不要"面面俱到""多点开花",而是要用 20% 带动 80%。抓关键人员、关键环节、关键客户、关键项目、关键岗位。

第三个心理学按钮是马太效应,马太效应与二八法则有类似之处。马太效应的名字就来源于圣经《新约·马太福音》中的一则寓言:从前,一个国王要出门远行。临行前,交给 3 个仆人每人一锭银子,吩咐道:"你们去做生意,等我回来时,再来见我。"国王回来时,第一个仆人说:"主人,你交给我的一锭银子,我已赚了 10 锭。"于是,国王奖励他 10 座城邑。第二个仆人报告:"主人,你给我的一锭银子,我已赚了 5 锭。"于是,国王奖励他 5 座城邑。第三个仆人报告说:"主人,你给我的 1 锭银子,我一直包在手帕里,怕丢失,一直没有拿出来。"

于是,国王命令将第三个仆人的 1 锭银子赏给第一个仆人,说:"凡是少的,就连他所有的,也要夺过来。凡是多的,还要给他,叫他多多益善。"这就是马太效应,反映当今社会中存在的一个普遍现象,即赢家通吃。

"凡有的，还要加倍给他叫他多余；没有的，连他所有的也要夺过来。"马太效应与平衡之道相悖，与二八法则类似，指存在的两极分化现象。

这个术语用以概括一种社会心理现象："相对于那些默默无闻的研究者，声名显赫的科学家通常得到更多的声望，即使他们的成就是相似的。同样，在一个项目上，声誉通常给予那些已经出名的研究者。"

任何个体、群体或地区，在某一个方面（如金钱、名誉、地位等）获得成功和进步，就会产生一种积累优势，就会有更多的机会取得更大的成功和进步。

在设计行业中，这个效应同样适用。对于设计师来讲，马太效应的表现就是在区域范围内，头部设计师、设计公司往往能够获得更多资源，进阶更迅速，更容易取得客户信任。头部设计师的物质收益和思想收益积累更快，反而会有更多时间和金钱投入到持续学习中去。而处于金字塔中下层的设计师，有大量的同质化竞争，很难获得优势资源。因为被眼前低效工作所累，重复劳动锁死思维模式，瓶颈期很难突破，导致十几年的老设计年年为了单子发愁，无法实现进阶。

在前面的课程当中，曾经讲到如何转换思维方式，改变工作状态，实现弯道超车和快速进阶。

第一，要明确认知自己，只有清晰地了解自己才能进行正确自我定位。定位相当于形成了设计的价值观和目标。用战略—策略—战术—执行方式达成近期目标和远期目标。第二，要梳理自己的短板和长板，并加强长板，使其成为独特标签，成为差异化的点，形成自己的核心竞争力。第三，如果单一设计方面能力不足以让你进入区域的头部前 10 名，那就从周边软实力方面进行综合加分，如分享输出、社会职务、奖项赋能、产品整合、线上宣传等。想办法先让自己综合实力分数进入区域 TOP10。

获得100元的快乐
难以低消 ≠
丢失100元的痛苦

第四个心理学按钮是损失厌恶。

损失厌恶是指人们面对同样数量的收益和损失时，认为损失更加令他们难以忍受。同量的损失带来的负效用为同量收益的正效用的 2.5 倍。损失厌恶反映了人们对损失和获得的敏感程度的不对称，面对损失的痛苦感要大大超过面对获得的快乐感

对于打麻将的人来说，如果他赢了 200 元，然后不玩了，他内心是比较容易接受的。但如果他先赢了 400 元又输了 200 元，然后不玩了，就很难接受。这是为什么呢？其实，这就是"损失厌恶"在作祟。

测试一下，下面两个商品，会选哪个？
90 元的衣服，快递费 10 元。
100 元的衣服，包邮。

一模一样的衣服，但是绝大多数人都会选择第二个。就算把选项一的快递费调整为 8 元，总价为 98 元，也是更多的人会选择这个 100 元包邮的。其实我们都知道，包邮的产品其实都把运费加到总价里面去了，但是我们还是会为了付运费而不爽。其至为了包邮，多买一点自己本来不需要的产品。

这是为什么呢？

因为邮费引发了我们的损失厌恶，就算是同样的价钱，因为有那么多包邮的存在，支付邮费会让我们觉得这是一笔损失。

从这个简单的例子可以看出由于损失厌恶心理的存在，消费者在消费时其实并不总是理性的，甚至可以说，大多数时候都是不理性的。

而客户的损失厌恶心理是一种可以把握的普遍性心理，如果设计师能够灵活运用，就能潜移默化地改变和引导消费者的行为。

a. 损失的是什么？一定是成本，营销关键在于让客户在内心感觉成交即降低损失。

我曾多次说过，设计师除了懂设计，更要懂营销。更直白说，就是通过一定的干预的手段，提高方案与客户的连接与匹配度，体现设计师价值，从而获取更高收益。

其主要行动方向有两个：一是提升设计师个人 IP 吸引力，降低客户的行为阻力。前者就是提高个人品牌或公司品牌的价值感，后者则是降低消费者的成本感。

我们可以看出，无论是提高价值感，还是降低成本感，本质上都是在对抗客户消费基因里的"损失厌恶感"。

b. 损失厌恶如何影响消费者的行为？

(a) 比起收益，我们对损失更敏感。

人们面对同样数量的收益和损失时，损失更加令他们难以忍受。同量的损失带来的负效用为同量收益的正效用的 2.5 倍。也就是说，得到一个随手礼杯子的开心程度，远远比不上丢了一个杯子的伤心程度。同理得到一个苹果的孩子，会很开心。但如果先给他两个苹果，然后从他手里再拿走一个，这时虽然结果都一样，但前后的心理完全不同。第一个场景是获得感，而第二个场景是得而复失的损失感抵消了获得感。

我们对损失和收益的敏感程度不一样，导致了我们对二者的风险承受能力也不一样，继而影响了我们的行为选择。

(b) 损失和收益并非一成不变。

但既然前面我们已经说了，消费者厌恶损失，讨厌付出成本。为什么有的客户对于高设计费和高报价,这种客单价偏高的设计师、公司还能接受呢?因为损失和收益的衡量标准从来不是固定的,是会随着传播语境的变化而发生变化的。

商家通过广告传播改变了消费者对收益和损失的认知,让消费者觉得价值感>损失感,从而促成了交易达成。所以,我们可以改变语境和表达来调整收益和损失的关系,让我们想要卖出去的方案、产品、服务看上去物超所值,让用户从规避损失转向追求风险。

举个例子,我们方案中有开敞式厨房的设计,如果仅按平面表达,就是利用率高,显得空间更通透。客户既没有理解设计内涵,方案本身又无法体现设计师的价值。这样的表达,客户肯定不会交设计费,因为他觉得亏了。那应该如何才能让客户觉得没有损失呢?之前我们讲过关于表达的问题,我们将这个创意点场景化、故事化。可以描述当奶奶接孩子回到家,孩子在餐桌上画画,奶奶在厨房给孙子煎鸡蛋,祖孙二人的对话场景。也可以描述父母在厨房准备晚餐,孩子与家长互动的场景。表达一个内涵是,我这种设计不但能够提高空间利用率,使空间变得生动,而且能够改善家庭关系,能够制造一种家的归属感,让家更温馨,更和谐,更有温度。后者才是设计的附加值,这种表达会让客户觉得,我赚到了,设计费付的值。具体到收益和损失的表达中,我们应该怎么减少客户的损失感呢?

可以用以下方式进行表达。

客户收益要分开表述，使得价值感更高：赠送生活阳台设计、装修管家服务、工地直播、升级进口产品、陪同选材、设计费含软装设计……

客户损失要合并表述，使得损失感更低：比如在成交过程中，可以告诉客户，我们的报价是包含所有项目，没有漏项，照图施工没有增项，完全可以放心。

(c) 客户是要占了便宜，不是要真便宜。损失和收益的不固定，还体现在会受参照物的变化而变化。

这源自我们对事物的认知模式：我们没有办法在真空环境下判断和认知事物的好坏程度，必须依赖参照物。

相同价值，价格低的产品，客户会感觉占了便宜；相同价格，价值高的产品，客户同样会感觉占了便宜。价值与价格的体现必须要有参照物。首先要让客户认同价值，其次才是对比价格。对比之下，才能形成损失或收益的概念。

而我们对事物的印象往往取决于锚点，锚点即第一印象。换句话说，事物的第一印象往往决定了我们怎么判断和认识它，并且采取进一步的行动。

举个例子：当我先问 "为什么戒不了烟？"，
不管对方回答什么都是在为戒烟的困难来辩解。

而如果我直接问你："是不是想过戒烟，为什
么？"这时候对方就是在强调抽烟带来的不便和
危害了。

这就是锚点，在我们脑海里投射下的"先入为主"
观念。知道了锚点的作用，我们该如何利用它来改变客户的认知呢？答案
就是利用锚点降低消费者的损失感，提高设计师自我价值感。

先说个小技巧，如何让你的东西看上去很贵、很值得。拍照时，把它和奢
侈品如名包名表、钻石首饰等放在一起拍就可以。

这就是利用奢侈品的高价为消费者做好锚点铺设，做好背书。让消费者有
了"这东西肯定不便宜"的第一印象，最后实际价格反而没有那么贵，从
而让消费者觉得损失没有那么大，是自己在这个交易中占到了便宜。

公司背书和行业奖项背书就是锚点对比的方式。比如，某全国知名设计公
司首席设计师，曾获得某一线奖项金奖。这种铺设和背书会让客户感觉，

这位设计师应该值这个设计费，找他设计靠谱，这个价格不高。

当然，聪明的锚点设置往往不是一对一的比较，而是会引入多个比较对象，让自己处于最有魅力的位置。因为客户选择的依据，不是判断绝对的损失，而是动态的平衡损失和收益的关系。

比如，买车时候只有低配和高配的时候，车主会很纠结，买高配要为一些可有可无的配置付出高昂代价，选低配又不甘心。这时候引入一个中级配置，既满足了客户的需求，相对高配价格又便宜一些，车商正是利用这一点，把中配车变成销量最高的车。

当啤酒只有 3 元和 5 元的时候，3 元啤酒销售量比 5 元的多两倍。后来引入一个 8 元的啤酒选项时候，忽然发现，消费者都不选 3 元改选 5 元了，大家的想法是我不该买最便宜的，最起码要选中等的，这样 5 元啤酒销量反超 3 元的两倍，实现了业绩利润双增长。

所以，当你的高价的产品、服务给消费者的损失感很高的时候，你就需要引入一些对比项了。如有的橱柜店面会特意在显眼的位置摆放一套售价百万的产品，看过百万的产品，再回头看其他产品，觉得好像没有太高损失感。有的设计公司会在设计师简介第一栏，陈列一线城市合作的大咖名单，设计费都是每平方米过千元的选手，以此来比对公司当前设计费 500 ~ 800 元每平方米的设计师，客户会觉得当地设计师性价比高很多，降低损失感。

那些看上去价格高得离谱的产品或服务，的确是没什么人买，但并不代表没有意义。

c. 厌恶损失与沉没成本。

损失厌恶的另一个表现则是沉没成本效应，因为不想让等公车的 20 分钟白白浪费，最终只能继续等下去；被不适合的感情困住，但又舍不得放手的痴男怨女。有人被骗后，会拒绝接受对方是骗子的事实，一再给对方转账。为什么有人会一而再再而三给骗子转账，从几百元开始，到最后积累成十几万之多呢？这就是损失厌恶中的沉没成本在发挥作用。

理性而言，过去已成定局，无法改变，我们现在做出的每一个决定，都应该只取决于当下的条件对未来的影响。但实际生活中，因为不想让已经付出的成本打水漂，而成为真正的"损失"，所以一直持续付出，由小到大，继而付出更多的现象。

既然我们知道了沉没成本效应，会让我们在过往付出的事情上，持续不断付出，又可以做什么来影响客户的行为呢？答案就是给消费者制造沉没成本，让客户为了规避损失，而持续消费。比如，我们在学习APP的打卡行为，不断提醒我们，连续7天会获得什么奖励，连续14天会有怎样奖励，如果中断，之前的打卡记录就会清零。导致我们每天都会持续这个行为，害怕之前付出清零。

所以几个建材品牌一起搞联盟，要求客户必须到每一家进行打卡印花，这样才能得到随手礼。客户因为沉默成本影响，就算本不需要后几家的产品，也要走完所有店面。商家从而得到了引流的效果，只要客户进店，也会产生潜在成交的机会。

但沉没成本也有保质期的，不会一直有效。比如，很多人决心开始自律，办了某健身房的训练卡，甚至花了不菲的价格请健身教练一对一指导。开始一段时间，以为人们付出了成本，总是想着要坚持去锻炼。但是随着时间的延续，这种状态会越来越差，导致慢慢失去了动力，最终训练卡时间远未到期，就再也不去了。客户这种对沉没成本的忽视甚至成了某些健身房赚钱的商业模式，即不用考虑健身房的承载量，无限制地发展会员，因为总有大批的会员交钱办卡后"失联"。所谓沉没成本保质期是指，已付出成本到达一定时间，如果没有新的付出，消费者对于沉没成本的感知便会衰退，甚至是麻木。最后的结果，大家也知道，就是各种推诿借口不去健身。

所以，我们一方面要懂得让利用消费者对沉没成本的不舍来达成营销目的，另一方面也要控制好节奏，做好提醒消费者的准备。关于这一点，可以借鉴拼多多的砍价进度条，总是给买家"差那么一点就成功了"的感觉，促使买家不想前功尽弃而继续分享下去。

d. 免费：对抗损失厌恶的有效手段。

不管是改变表达方式，还是通过对比弱化，都是在围绕既有的损失和收益做文章，是在量层面的改变，只是多和少的问题罢了。

但是通过互联网而被发扬光大的免费策略，则达成了损失厌恶的质变。

免费不仅是从数量上降低了用户成本，更重要的是零成本意味着别人要是都有了而你没有，你就是变相损失。

有的公司提出免费验房、免费量房、免费出平面方案……等各种免费口号，这种方式的确能够吸引一批客户，因为免费意味着直接砍掉了用户付出成本，至少从字面意思可以这么理解。

但也要有清醒的认知，免费的确能够极大程度降低客户的损失厌恶成本，但是冲着"免费"二字来的客户是不是你的客户呢？这批客户只关注了免费，零成本，但是对于设计师的价值是不是同时忽略了呢？

免费是一把双刃剑，对于某些公司适用，对于某些设计师来讲，就是饮鸩止渴。

损失厌恶这一心理学按钮我们讲了很多，也举了很多例子，这个规律是最常见也最有效的一种营销成交方式，希望我们能够灵活运用，提高签单效率。

第四个心理学按钮是熵增定律。

熵增定律是克劳修斯提出的热力学定律，克劳修斯引入了熵的概念来描述这种不可逆过程，即热量从高温物体流向低温物体是不可逆的。

准确地说，熵增定律不属于心理学，更多属于物理学范畴。为何我们要强调这个定律呢？因为这个定律对我们个人和企业的影响都很大，如果能够了解熵增定律，并根据定律的趋向提前预知风险，规避风险，则有助于我们做出正确判断，找到准确方向。

熵，用来度量一个系统的失序现象。一个系统内的熵越多，能够做功的能力就会随之下降。孤立系统总是趋向于熵增，最终达到熵的最大状态，也就是系统的最混乱无序状态。简单来说，我们的组织和公司总是会趋向于无序状态发展，最终崩溃。这样的一个定律的确令人悲观，回顾历史，再看周围，这种例子比比皆是，这就可以解释为何百年企业如此之少的原因。但是在如此悲观又残酷的定律中，我们会得到什么启发呢？

第一，既然熵是产生无序的根源，那么尽量少的产生失序现象就能避免熵增出现，从而尽量延长熵增的时间。

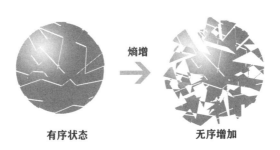

有序状态　　　　　　无序增加

如何尽量少的产生熵呢？对于设计师的工作，我们也可以得到以下表述：关注的领域越多越复杂，就越难做好每件事，任由这种趋势的发展，我们会被越来越多的信息所淹没，导致方向受到干扰，无法做到一点突破。

古人讲"多则惑，简则明"，就是这个道理，多点出击不如一点发力。我们之前讲过，从李宁品牌的临危破局案例中，能够清晰地看到，李宁回归后，将多点出击的李宁品牌，重新回归到以篮球运动装备为主的方向。结合高科技制造，与国潮情怀结合，一下子抓住了年轻核心用户的眼球和需求。2017 年半年的时间，李宁终于不再是亏损的状态，而是得到了 40 亿元的营收。李宁还将品牌服装送上了纽约时装周，"番茄炒蛋"大放异彩。现在的李宁已经是极具特色，受大众欢迎的国潮品牌，未来发展值得期待。

作为设计师也是同理，一定要定位自己的擅长领域，将其强化成为自己的标签。在精准领域做深做强，"精而深"远比"广而浅"效果更好，收益更高。切勿贪大求全，样样通样样松。

第二，要降低孤立系统的无序性，要有意识、有计划、有步骤地进行适度干预。

这句话说得挺拗口，我们通俗来讲一下，系统的孤立性是导致熵增产生的第一大原因，在孤立系统发展到一定阶段，一定要进行系统开放，因为开放系统使系统的熵减小，有序度增加。海尔集团因此在 2015 年将公司系统进行改造，将原有"金字塔形"封闭系统，拆分成 N 个小公司，形成了一个去中心化的扁平开放性的系统。这种做法极具颠覆性和挑战性。如今，再走进海尔，已很难找到昔日的模样——沿用数十年的科层制、林立的事业部被拆散，庞大的企业架构已消失得无影无踪，代之以平台、小微等具有创新力的组织架构。

对于设计师个人而言，要做既能输入又能输出的个体。有的设计师个性较强，比较清高，不愿意与圈内人交流，一门心思闷头建立自己的"私域流量池"。这种孤立系统做法在一定时间阶段可以支撑发展，能够通过固定渠道获得一定流量和资源支持，而时间一长就会出现"熵增"，随之会出现崩溃的危险。

设计师不是艺术家，设计是为人服务的，所以一定要"入世"。要接地气，多交流多输出，在输出信息的过程中建立个人 IP，辅助自己进阶，把孤立系统变为开放系统，这才是成长之路。

第三，用成长型思维替代固定型思维。

成长型思维指相信通过练习、坚持和努力，会有学习和成长的无限潜力。比如同样是客户流失，用"这个客户流失的原因是什么？我哪里还需要努力"替代"我真是个失败者"。固定型思维将自己定型，也就失去了开放性。当看到别人做得好时就会产生我没天赋，而不是"他是怎么做的方案，我也要试试看"。而成长型思维则是终身成长，与时俱进。

第四，远离平衡态。

总结以上，可以这样理解，平衡久了就会产生熵增，而非平衡才是有序之源，那就需要我们主动打破平衡。比如，勇敢走出舒适区，舒适区是学到东西最少的地方，进步缓慢，缺乏挑战和流动。就像一直用一种套路做方案，一种方式谈客户，熟练度倒是没问题，但会影响你的能力提升。走出舒适区，进入学习区，通过对更高难度知识的认知，让自己的知识结构不断更新，甚至不断颠覆，这样才能不断成长。不要安于平衡安于舒适，舒适即是熵增的开始。

第五个心理学按钮是知识的诅咒。

知识的诅咒，社会心理学中的一个现象，意思是当你掌握了某种知识，你就难以体

会没有它是怎样的状态。也可以说，当你的经验和别人不同时，你将难以理解认同别人。这里的知识也可以是经历、经验、技能等。

知识的诅咒是主观解释的一种，主观解释依据我们所处的情景和自身经验，使自己做出的判断看似合理化。可怕的是，主观解释通常是无意识的、自动的。就像我们习以为常的智能手机和诸多操作熟练的 APP 应用，在老年人看来无比复杂烦琐，而我们却无法理解他们的不懂状态，也无法用准确的逻辑表达快速教会他们。

再举一个例子，如何跟一个不懂无线上网的人解释 Wi-Fi 呢？你会发现虽然我们对无线上网熟视无睹，习以为常，但要把它用非专业的词语描述出来，并让对方理解这似乎是一件很困难的事情。

你掌握了一种知识，你就不能理解那些没有掌握这种知识的人，他们是怎么想的，这就叫作知识的诅咒。

知识的诅咒集中体现在我们跟客户沟通需求，提报方案，表达理念的过程中。设计师最痛苦的事情不是约不来客户，而是客户就在你面前，他却听不懂你在说什么，你也无法用合适的表达来打动他。往往设计师感觉自己说得很明白，但客户完全和自己不在一个频道，无法交流，这就是知识的诅咒导致客户流失，因为设计师没有站在客户角度，体会客户的认知水平。

沟通技巧表达方式直接影响客户成交与否，其中重要的一环就是如何用客户能听懂的方式解释说明专业性问题，并与客户达成同频交流状态，这是突破知识的诅咒的有效方式。

大部分设计师总倾向于认为，客户和我们拥有类似的背景和信息点，所以他们应该很容易理解我们所表达的信息。而事实是，我们所掌握的信息，风格色彩材质工艺等，都是经过了长时间的实践积累，我们清楚它的前世今生，我们也了解其中的脉络。但隔行如隔山，虽然现在信息发达，但客户接受到的信息一般是碎片化的，不够专业，更谈不上系统。作为设计师不能理所当然地认为他们也具备这些知识积累，从而夸夸而谈。知识的诅咒告诉我们，大部分客户在专业理解上会有障碍。而且人的注意力和集中力是有限的，大部分成年人的集中力时间在 30 分钟左右。

所以需要我们在有限的时间内尽量把设计要点或事情的关键点用与客户同频的语言说清楚，否则会使沟通效果大打折扣，出现丧失投资机会或者合作机会的情况。

通过分析设计师错误的表达方式，有以下共同点。第一，表达过于累述，用时过多，消耗了客户难得的注意力。第二，篇幅长且散，抓不住重点，无法直击痛点，无法引起客户的兴趣。第三，表述的过程中以自我的心态较多，把自己习以为常的知识强加给客户，忽略了知识的诅咒的存在。所以需要我们要意识到知识的诅咒在交流过程中的存在，并且打破它。那么如何有效地打破知识的诅咒呢？

(a) 展示自我价值，而非单一描述方案。

乔布斯有句话，营销，讲的是价值。设计师讲方案其实是为了展示自我价值，方案只是体现自我价值的工具而已。我们要做的是在有限的时间内展示出设计师的价值，而非其他林林总总的细枝末节。要让客户明确认知，你能够为他带来什么帮助，满足什么需求，解决什么问题。

(b) 二维对比法。

找出一个大家都熟悉并知晓的事物或者产品作为参照物，说明我们和这个参照物的相似和区别。单纯的平面图纸表现力一定不如平面图与意向图，静态图一定不如动态图。包括以往的案例库收集整理，也是设计师重要的工作内容。我们可以在跟客户沟通中，将单薄的语言表述变成案例对比，有了参照物，就会生动许多，客户也自然会理解你想表达的意思。

(c) 明确受众需求，抓住重点。

在沟通交流的过程中，客户会对一部分内容不感兴趣，所以没必要面面俱到，事无巨细地表达。筛选出方案中的关键信息，有针对性地去介绍，表达自己的差异化和亮点，比同行业更有竞争力的理念进行集中说明，而不是长篇大论地泛泛而谈。

(d) 代入式说明。

经常性地思考一下，如果我是客户，我会有什么样的考虑，我会有什么样的需求？那么开头语就可以以对方的需求开始，会更能抓住人心。或者以一个故事场景代入，故事场景里有对方的需求或者急需解决的问题的影子，这样吸引对方跟着自己的思维一步步地向前走，对方会理解得更深入，也更能产生共鸣。

知识的诅咒存在于我们工作及生活的各种场合。认可它的存在能让我们在沟通交流的过程中更加高效，输出的信息被对方的接受度和认可度会更高。生活中可以吸引更多的朋友，工作中为自己赢得更多合作的机会。

第六个心理学按钮是峰终定律。

峰终定律是诺贝尔奖获得者、心理学家丹尼尔·卡尼曼总结的，他研究发现人对一段体验的评价是由两个因素决定的，一个是过程中的最强体验，一个是结束前的最终体验，过程中的其他体验，对人们的记忆几乎没有影响。

举个例子,很多人都去过迪士尼,到园区里面需要排队玩项目,一个过山车,排队短则几十分钟,长则一两个小时,最终玩的时间就那么 10 分钟左右。这个过程中，大家最终的记忆点会在哪里呢？往往是对最刺激的俯冲反向爬升记忆犹新，还有最终结束的时候那种释然感。这其实就是一个峰和一个终,这两个地方你是有记忆的。至于排了多长时间队,你的记忆是弱化的。

| 峰终定律

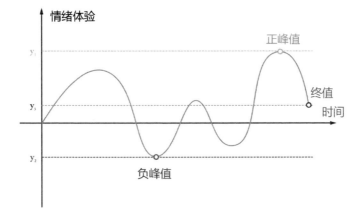

峰终定律英文叫（Peak-End Rule），peak 就是峰、顶点的意思，end 就是终端、结尾的意思。峰终定律是一种认知上的偏见，会影响人们对过去事物的记忆，在过去发生的事物中，特别好或者特别糟糕的时刻以及结束的时刻更容易被人们记住，人们记忆中对事物的体验往往决定于正向或负向的峰值和结束时的感觉，而不是平均值。所以在上述的游乐场例子中，我们更多时候记住了结尾时刻过山车的刺激，而会淡化排队的痛苦过程。

峰终定律为我们设计师研究设计提供了一扇人性的窗户，通过掌握这个定律，能够很大程度提高客户的体验感和满意度。因为客户是受峰终定律控制的，所以在我们与客户接触过程中通过设置环节，来提升客户的满意度。最后多那么一个动作，其实成本很低，但是顾客的感觉会非常好，会形成记忆。

在宜家购物的时候，有时为了找一个小的物品我们需要绕着宜家走一圈，寻找物品的体验较差，而且有时我们需要自己搬运家具，但是过程中看到样板间展示的产品、较好的产品体验（峰）和结束时 1 元的冰淇淋（终），会让我们觉得整体的体验还是不错的，愿意下次再来。假如我们把 1 元的冰淇淋放在购物的开头，结尾是麻烦的搬运物品和排长长的队付款，那很可能我们会对宜家购物的体验感大打折扣。

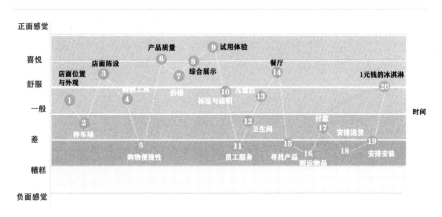

客户体验　流程图 —— 宜家家具

迪士尼公园每天晚上八点半到九点会燃放烟花，标志着一天游园活动的结束，这个烟花秀极其震撼，充满童话色彩，会让游客在结束游玩的时刻，获得美好的体验。这种最终结束的美好体验会让游客将之前在排队时间长、购物贵等过程中产生的负面情绪冲淡，只记住了过山车上的刺激和烟花秀的美好，这是典型的"峰终定律"的应用。

不过，反人性说起来很容易，做到的很难，但如果你对峰终定律理解的比较透，是可以把它变成你的工具的。

比如在设计施工过程中，如果充分考虑了客户的峰终定律，就可以用比较小的成本提高客户的满意度。设计师在讲解方案的过程中，也都有一个三段式的过程。我们要把力气花在对方能够有记忆的地方，要考虑哪里是峰值出现的地方，如何在这个地方给对方留下更好的印象，这样才可以达到事半功倍的效果。

接着我们再来看一个关于服务客户的例子。如果你作为设计师，想提升一下客户群体的满意度，摆在面前的有两种计划。

A 计划：专注于那些对你设计的印象中等偏上，给打了 5 分的那些客户，想要把他们这部分群体的体验提升到 7 ～ 9 分。
B 计划：专注于给你差评的客户，要求自己一定全面提升设计水平和服务质量，一定要尽量减少差评。

请问你选择哪个计划？经过调查，大多数设计师会选 B 计划，会把 80% 的精力拿去减少负面体验。这完全可以理解，我们作为一个以客户为上帝的设计师，怎么能对客户的抱怨不管不顾呢？

但是我们营销专家的建议却是，你应该选择 A 计划，原因如下。首先，给好评的客群是最有价值的客户群体。他们将来更有可能再次找你设计，而且会给你介绍更多客户。对餐饮行业来说，打 7 分的顾客再次消费的频率很高，而评分一般的顾客平均一个月都来不了一次，打差评的顾客压根不会再次消费。所以你应该培养铁杆粉丝。这大概就是为什么有的航空公司根本不在乎那些买了廉价机票、一年偶尔才飞一两次的乘客，他们在乎的是头等舱那些常客的体验。

其次，因为中等体验的人占了绝大多数，所以如何能把他们的体验提升到 7 分以上，这是最重要的。而经过数据分析，得出的结论更加惊人，同等资源下，A 计划的收益是 B 计划的 8.8 倍！好，如何让你的顾客满意，并给出你的 7 分呢？这就引出了一句秘诀，获得好设计口碑的最重要的行业秘密："多数可遗忘，偶尔特漂亮。"也就是说，你给客户的绝大多数设计点都很一般，不好不坏，让他完全不在意就行。而好口碑则来自你偶尔给他一个特别好的亮点，带给他极佳体验。

比如你到一个酒店入住，酒店的价格不算便宜，条件却很一般，设施也都不高端，本来就是个很平淡的甚至不好的经历。但是这个酒店的服务"搞细节"，在发现你喜欢吃的水果时，会增加你喜欢的品种，而且还是免费的。当你回到房间，发现床上放着酒店送你的一瓶酒。哪天你要走了，酒店还给你一个小礼物。这些小细节，你能不给好评吗？所以对设计师来讲，制造峰终的难忘瞬间至关重要。难忘的瞬间会让客户的优质体验感加分，我们要践行峰终定律一定要学会制造难忘瞬间。*The Power of Moments*（《强力瞬间》）一书中提到过 3 个方法。

第一个方法是搞一种仪式感。有句话叫生活需要仪式感。现在很多年轻人确定恋爱关系都要在广场上，气球、音乐、大屏，搞个小仪式。结婚的婚礼同样是这个道理。我们在学员结业时还会做结业证书颁发，不需要多少成本，但是往往能让学员满意度大大提高。

有一些非常高质量的餐饮会所，你进门的时候，需要提前预约，非预约不接待，还要提交个人的企业资料等。有的还需要来个宣誓，搞得特别有仪式感，虽然过程繁杂，但是让用户印象深刻，体验升级。

大多装饰公司的开工仪式搞得都很隆重，礼花、条幅、背景、红毯、金锤、口号、吉祥话都有。但是竣工时往往草草了事，没有仪式、没有体验，验收完，收尾款，签保修单完事。这样客户的心理状态是前高后低，没有在结束时有一个嗨点。这就需要想办法，如何在竣工时也搞一个小仪式，提高客户的满意度，达到峰终定律要求的峰值和终值。有的公司会送客户一株绿植，寓意事业长青，有的公司送一对花瓶，寓意平安吉祥等。这些小礼物花费不多，却有可能把客户的体验从 5 ~ 6 分，提高到 7 分以上。这就是仪式感的力量。

第二个方法是突出重要性。也就是把用户某一个体验过程搞得特别重要，让其感受到自己的存在感。 自己被尊重，而且是特殊尊重的瞬间总是令人难忘，我们需要给某类客户制造这种特殊尊重的感觉。

举个最简单的例子，我们约客户时间，往往会得到不确定的答复，客户会说，周六周日不一定，到时候联系。这时候设计师如果感觉客户质量够好，想促进成交，可以这样表达：好的王总，我周六就不安排接洽别的客户了，专门接待您。客户到了后，也要做出较为正式的接待状态，提前做好准备工作，让客户感觉到在你这里得到了特殊的尊重，这会让客户在方案之外对设计师产生良好印象。

有的公司会在每年做一场客户答谢会，同时会邀约新客户发布促销活动，这种场合对客户的尊重和每位客户的存在感一定要体现到位。从客户进入酒店开始，礼仪引导、签到墙拍照、红毯热烈欢迎、落座指引等，必须处处体现给客户的特殊尊重。这样客户的印象会非常深刻，客户对公司的心理评分也会从众多竞争者中胜出。

第三个办法是，制造惊喜。平淡生活中来点随机的惊喜总能让人印象深刻，前面举例的那个酒店用的就是这个方法。一个会给用户制造惊喜的设计师，一定是在行业中最优秀的设计师。

行为设计学里的随机奖励，也是这个意思。我们不会因为到饭店吃饭结账老板给抹了 15 元的零而高兴，但会因为在群里抢到了 15 元红包而兴奋。

这就是随机奖励带来的峰值体验，我们可以预期体验设计学将会越来越流行。

我们知道人的意识就是主观的体验，赫拉利在《未来简史》里也说现在宗教不能给人提供意义了，也许人生的意义就变成了经历各种体验。体验的时代已经到来。所以，我们对一段经历的观感不在于全部过程，而在于其中的峰值和关键节点的那些瞬间。所以，我们要记住，"瞬间"的力量可不仅仅是难忘的回忆，它还能是营销上的利器！

综上，这6个常用的心理学按钮是设计师在设计之外应该了解并掌握的。须知，设计师的优秀，并不单指设计方面的优秀，对于心理学的掌握和应用往往是成功的关键因素。这些心理学的实践和灵活运用，一定能够促进我们更快成长，突破瓶颈期，帮助我们进阶到更高段位。

第十五课

设计观与设计之外

认知力与理解力

洞察力

非线性思维

商业思维

功夫在诗外

设计之外

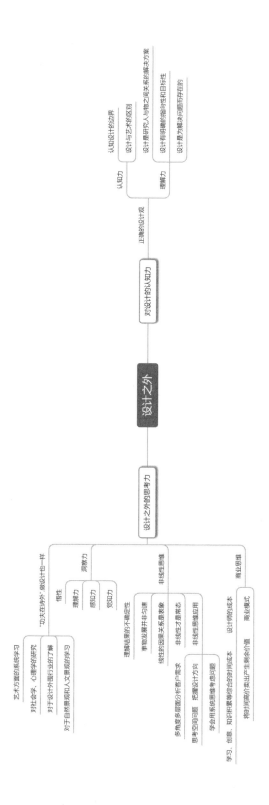

这一课我们聊聊，设计师除了设计本身，还需要具备哪些能力才能驾驭自己的职业生涯和事业进阶。

随着社会分工越来越细化，设计师也越来越成为一个热门的职业，很多人投身其中，在表面看来，设计师是一个好玩、自由、充满创意以及收入丰厚的集合体。但是设计师究竟是一份怎样的职业、设计是一条怎样的道路呢？恐怕只有经过几年摸爬滚打、岁月摧残之后的才有所了解。

很多初入行的设计师认为设计就是表现，偏重于效果图，并热衷于新的建模软件和换代渲染器，并以此作为衡量设计水平的标准。往往导致作品较为浮夸，片面追求形式化、视觉化，导致脱离实际的使用价值。

前面文章中提到，苹果手机的极简之美是建立在功能的实用和强大之上的，并非因为形式的极简导致实用功能大打折扣。而很多设计师却是因为追求视觉极简化平面化，导致空间功能性和实用性不足。设计本身是为人服务，而不是只能看不实用。

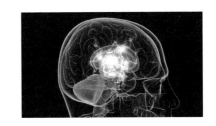

这一课我们重点探讨一下设计师在设计之外还应该具备哪方面的能力。

设计是研究人与物之间关系的解决方案。

首先要必备的两方面能力：一是对设计本身的认知力，二是设计之外的思考力。

对设计本身的认知力、理解力，也称之为"设计观"。如果对行业没有深刻的认知和理解力，也就失去了对职业的规划能力，目标感和方向感更无从谈起。可以说，是否能够树立正确的"设计观"是设计师能否走得更高更远的先决条件。

设计与艺术有诸多重叠领域，大方向来讲都是对美的追求。设计师多数也是艺术学院毕业出来的，正因如此，让很多设计师会走入"我是在做艺术工作"的认知误区，从而无法梳理好自己的职业位置。尽管很多时候设计要借助于艺术方法与手段来表达，设计过程中也不免有像艺术创作般的火花与片断，但就其本质而言，设计不是纯粹的艺术。艺术偏重于艺术家的自我表达，而设计一定是为他人服务。这是两者本质的不同。

那设计究竟是什么？

设计有明确的指向性和目标性。

第一层面，设计是研究人与物之间关系的解决方案。

物是为人所用的。工业设计自不必说，无论手机设计还是汽车设计，都是以解决与人的关系为方案目标，即如何使物体与人的关系更合理、更密切。而空间也是物的一种，我们研究空间设计的本质目标一定也是如何能让空间与人的关系更合理更密切。

第二层面，设计有明确的指向性和目标性，任何设计结果一定是为某客群服务的。设计围绕客群的需求展开，为满足需求而存在。这种指向性和目标性是主动的、积极的。特斯拉汽车从设计之初，就用互联网的思维来思考汽车这个大家习以为常的代步工具。马斯克曾经说过，我们不是在造汽车，而是在造电脑。他瞄准的目标客群是中产阶级及以上有购买能力且对科技发烧，对环保事业热衷的人士。他解决了人与车之间的诸多交互性问题，让驾驶变得更简洁。空间设计也是同理，黄永才老师的"宋·川菜"餐厅设计，空间划分天马行空，动线充满趣味，形式上将庄重深沉的中国文化变得灵动时尚，满足了年轻群体的审美需求，也实现了商业的成功。而艺术家创作的艺术作品，更多表达的是自我感受，艺术品的指向性和目标性都比较弱，对受众是被动的满足。

第三层面，设计是为解决问题而存在的。解决问题的规模决定了其商业价值的高低。一个设计之所以被称为设计，是因为它解决了问题。设计不可能独立于社会和市场而存在，使用功能是设计存在的直接原因。

室内设计、工业设计是为了提供合适于人们使用的空间、器具和物品，平面设计则是为了传播特定的资讯信息。设计师在进行设计时，应该抛开自我主观意识，退出自我，从目标对象的角度进行思考，才能做出对的设计。我们经常讲，设计在设计之外。这句看似文字游戏的话其实包含诸多内容。

设计师经常会陷入知识的诅咒的误区，而且在长时间的固定工作模式下，积累的正向思想收益会趋于减少，这时候会出现瓶颈期和迷茫期。如果能经常从设计工作中抽离出来，用更理性的眼光、中立的角度思考设计，反而能做出更好的设计作品，我们会发现很多设计大师的思维方式甚至一些表达方法都来自设计之外。

有一句话说，"功夫在诗外"。做设计也一样。我们都想在设计领域中获得自由，在复杂棘手的项目面前萌发解决问题的灵感，设计出有创新、有特色的方案。但要达到这样的境界并不容易，仅仅知道现成的设计知识是不够的，还要有更高层次的修养。

修养是比知识高一层次的境界，是人在个体心灵深处经历自我认识、自我解剖、自我教育和自我提高的过程后所达成的境界，基于感性，达成于理性。设计修养包含多方面内容，因为设计本身就包含了功能性、艺术性等多重需求的综合创作，而在与甲方沟通过程中又包含诸多心理学因素，可以这样说，设计师这个职业是建立在广泛基础之上的。

艺术方面的系统学习能够帮助设计师了解风格脉络，提升审美能力，获得灵感，更好地把握作品美感和质感。举例说明，有的设计师会从中国戏曲脸谱中获得灵感，将油彩中的斑斓颜色和生动线条用在空间设计中，产生震撼的视觉效果。还有的设计大咖在对中国山水绘画进行研究后发现，中国的艺术形式都有相通之处，都讲究"起承转合""气韵流动"。把这种形式法则总结，用在别墅园林规划中，效果很棒。如贝聿铭大师的苏州博物馆，就是对传统艺术规律的借鉴梳理，形成了极佳的视觉呈现。

小结：因为艺术是已经被总结和验证过的成熟美感，对于艺术的学习借鉴一定会很大程度促进设计水平的提升。

对社会学、心理学的研究能够提高签单成功率以及服务客户的能力，设计师的能力往往体现在对于客户的心理把握和需求挖掘方面。具体体现在对话语权的掌握，对于不同层次需求的挖掘和满足，如何让客户产生信任以及持续在客户圈层中产生影响力。

对于设计外围行业的了解也是必要的，比如产品渠道、新型建材、智能家居、灯光设计等。当然还有对于设计师自我的定位包装、IP 建立等方法和手段，这些我们在之前文章中有详细分解，在此不做赘述。

另外对于自然景观和人文景观的学习借鉴能力也是非常重要的，自然界中有无穷的造型，绚烂的色彩，奇妙的光影。中国古人讲，"外师造化，中得心源"，我们的奥运场馆"鸟巢""水立方"都是借鉴自然的典范。甚至有的设计师将墙面水垢铁锈的形状提取出来做成墙面造型，竟然非常漂亮。

柯布西耶曾经说过，如何充实创造力？不是去看设计杂志，而是动身在丰厚的大自然中去发现。那里才是真正的建筑课堂，自然赋予每件事物其所孕育之和谐并联系之从里到外，植物、动物、风景和海洋、平原或高山，无不明朗而完美，甚至自然灾难、地理大构造都体现了和谐的完美。

爱因斯坦曾经说过，如果说世界上存在着最完美的设计的话，那就是未被人干预过的大自然。近年流行的"不着痕迹的设计"，我想也是受到自然主义的影响。自然界赋予人类在建筑设计、室内设计方面的灵感不计其数。黄金分割比例便是其中之一，古希腊人发现了这个神奇的比例关系，这种比例竟然存在于鹦鹉螺的内部构造中。无论是雄伟的帕特农神庙，还是文艺复兴时期的优雅外立面，遵循这个比例关系，视觉效果便会十分优雅舒适，这个比例也被后来许多设计师所采用。

具备认知力和思考力之后，设计师还应该具备洞察力、非线性思维和商业思维。

何为洞察力？洞察力简单来讲就是透过事物表面把握本质的能力。洞察的洞是透的意思，即通达明白。洞察的"察"是觉察，觉察的目标是事实本质，因此，洞察就是通达事实，了解并掌握事实。

洞察力可以概括为悟性、理解力、感知力和觉知力。

洞察力的目标是事实，终极目标是透过事实的本质。我之前讲过的，私宅设计师设计的不是空间，而是业主的生活方式。商业设计师设计的也不是空间，而是业主的商业模式。无论是生活方式还是商业模式，都不是浅层次的表象问题，必须要通过理性分析，觉察并感悟到事情的本质，找到规律并把握事物的本质。

回归到客户需求来讲，客户的显性需求，只要客户正常表达，设计师稍加留心就能够了解客户显性需求。而更关键的隐性需求却无法仅通过客户的表达了解，必须通过深入的分析推导过程。

举个例子，某大平层客户，户型面积 260 平方米。客户信息：男士，年龄55 岁，做茶叶生意，在当地有自己的品牌。在初次洽谈中，客户表达出喜欢传统文化，要求低调、有内涵的设计。以上这是表象，也是客户的显性需求表达。

我们来进行分析，如果按照表层信息来做设计，那么做出的方案应该是低调雅致的新中式。

设计师会感觉这个思路应该是没问题的，因为客户职业是茶商，本身接触的就是中国传统茶文化，通过茶文化衍生的禅意、平和、内敛等，这样的空间氛围一定会符合客户的审美需求。

这样想的确也没毛病，主案设计师就按照这个思路做了一稿，信心满满的约客户进行第二次洽谈，客户看完方案，听完汇报，淡淡地说了3个字：没感觉。

在所有能"杀死"设计师的词语当中，"没感觉"3个字是利器。

设计师百思不得其解，为何会这样？明明已经做出了很符合客户要求的方案，为什么客户没感觉呢？直接原因是我们的洞察力不够，不足以窥见客户的内心需求。

洞察力洞察的对象是事物的本质，而从表象到本质也不是简单的一层窗户纸，可以分为 3 个层面：第一层面是表象层，第二层面是问题层，第三层面是本质层。

第一层面是表象层，就是客户能够明确表达的，或者经过简单推导即可得出的结论，是显而易见的、明确的。这种能力几乎稍有基础的设计师都具备，这是入门级的能力，在这一点上要提醒大家的是，一定要收集尽量多的表象信息，为我们第二步分析问题做足够准备。

第二层面是问题层，这是关键一步，是结合客户表达，通过表象信息分析，能够发现空间问题，客户痛点和生活方式问题等。能够准确地提出问题，发现问题，也是优秀设计应该具备的能力。

第三层面是本质层面。本质是通过提出问题、解决问题后逐渐明确的。本质隐藏在问题之中，是经过理性分析层层抽丝剥茧，才能找到的真相。本质是事物发展的内在规律，也是发展方向。抓住本质才能掌握核心要素，立于不败之地。

继续以上面讲的客户为例，后来这位设计师又修改了两稿却始终没有打动客户，无奈客户签了另一家公司。碰巧之前的设计师和这家公司的签单设计师关系还不错，于是要来方案一看，顿时傻眼，原来签单方案竟是这样的。

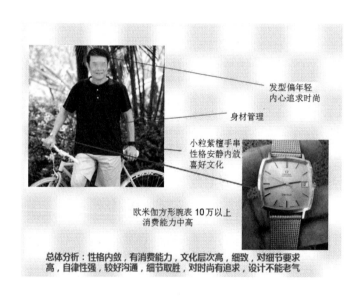

发型偏年轻
内心追求时尚

身材管理

小粒紫檀手串
性格安静内敛
喜好文化

欧米伽方形腕表 10 万以上
消费能力中高

总体分析：性格内敛，有消费能力，文化层次高，细致，对细节要求高，自律性强，较好沟通，细节取胜，对时尚有追求，设计不能老气

设计师心说，这也不是低调雅致的啊，客户不是明确表达想要低调的吗？都 55 岁的大叔了，为何还能接受这么前卫的家具呢？

这就是明显洞察力不足导致的判断偏差，我们再来梳理一下客户信息：客户是个茶商，有自己的茶叶品牌。那他的家里绝对不希望和茶楼一样的风格，设计师出的第一稿看似符合客户的需求，岂不知那只是客户的表象需求而已。55 岁更不能将其定义为"老年人"，把这类客户强行定义为喜欢"传统"风格。

之前设计师失败的原因是一直在被客户的表达牵着鼻子走，而没有独立思考和洞察。其实稍加留意我们就会发现问题，客户虽然年龄并不年轻，但是他对于时尚的追求并不落后。发型不老气，身材管理做得也很好。喜好运动，图片里的自行车是爱运动的体现，小颗紫檀代表细致、内敛的性格特点，腕表是消费能力的体现。

总体分析：性格内敛，有消费能力，文化层次高，细致，对细节要求高，自律性强，较好沟通，细节取胜，对时尚有追求，设计不能老气。应该做成偏时尚的新中式风。这就是有洞察力分析后的结果。

设计师成单率低，低的原因并不是设计水平低，更多是来自于分析客户能力不足，洞察力不足导致。

洞察力它还能使我们从一切事物中认识困难、把握机会。包括谈判汇报现场，跟客户谈判的时候，要学会察言观色，通过客户的表情变化、言行举止，洞察出客户的心理，做出你下一步的动作。就像在汇报时，设计师巴拉巴拉地说出一大堆关于你设计的好处，这时你看到客户根本就没怎么搭理你，还时不时皱下眉头，那你就得清楚客户的本质需求你没有抓住，你这时就要停止你的介绍转换重点。

作为成熟的设计师，我们向外需要洞察设计发展的趋势，向内需要洞察客户的心理，一个成功的设计师，一定会通过客户外在的表达信息，洞察客户本质需求，从而满足他们的隐性需求，这样才会受客户的信任，获取客户圈层的资源。

在此要强调一种思维方式——非线性思维。非线性思维在我线上视频课当中多次反复提及，它能够帮助设计师快速走出认知误区，帮助设计师建立洞察力，同时也是其他设计思维建立的基础。

了解非线性思维之前，先看一下线性思维，举个例子：笔记本电脑没电了，找个充电器充一下就好了；手机欠费了，充值一下就能用了。这样因果关系明确的基本就属于线性思维了，在数学模型里基本就是 $y = ax+b$，x 的变化必然会引起 y 的变化，像下图表现的一样。

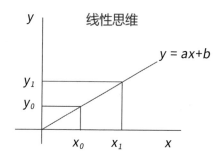

但现实中更多情况并非像给手机充话费这么简单明了的因果关系，也不是一个线性模型就可以搞定的。更多复杂因素和多样性问题会导致结果的不确定性，有些发展不是匀速的，比如二八法则和 2020 年新冠疫情的发展，都不是简单的直线关系，而疫情感染人数曲线，发展是爆炸式的，并非匀速的，我们要面对并接受这个现实。

从思维上讲，非线性思维使用的是人的右半脑。从层次上讲，非线性思维更多地是在人的潜意识里完成的。潜意识的活动更接近客观事物，更真实，更接近"道"。

在设计公司层面，如果一个项目，10 个人的团队 20 天可以完成，那增加到 20 个人，是不是 10 天可以完成？答案是否定的。现实中很多因素会影响时间的排期，比如方案创意、分工协作熟练度、沟通成本、甲方的时间等。更可能的情况是，因为新加入的 10 个人与团队磨合还需要时间，导致整体团队效率反而降低。许多创业公司都经历过这种情况，人数少而精的时候，效率很高，公司发展也不错。而一旦扩大规模，增加人员后，反而很快解体。所以，想通过改变一个因素就改变最终结果的思路是有问题的。

以局部替代整体是设计师认知里边一个常见的错误，看到了什么便以为这个就是什么样子的，简单复制过往经验去推断未来，不看趋势和变化，用已知结果得出单一原因。在看到一个结果时，会找到与结果相关的某一因素，然后认为这个因素就是导致结果的唯一原因。比如，总结客户流失归结原因是客户没有审美水平。错误认为增加宣传就会增加客户，增加人员就会增加业绩，增加签单量就会增加收入，增加投入就会增加产出。包括对客户需求的分析，往往简单地以年龄穿戴职业推导客户喜好，强加给客户不适合的方案。

假设今年设计师个人签了 600 万元业绩，认为自己经验增长了，推断明年不会低于这个数字。当这样说的时候，我们就是认为事物的发展变化是匀速的，但事情的真实发展却并非如此。

如果你想要增加个人在当地的知名度，假设有排名，同样是排名提升 5 个排位，从第 30 名提升到第 25 名和从第 6 名提升到第 1 名，所带增量是完全不同的。不同的原因正是因为它们的变化并非匀速。

这就是线性思维的误区，我们要充分意识到，这个世界上线性的因果关系是表象，非线性才是常态。

定义一下非线性思维：非线性思维是指一切不属于线性思维的思维类型，也就是我们所见到的跳跃性思维、系统思维、模糊思维、辩证思维、逆向思维等。它很可能会不按逻辑思维、线性思维的方式走，有某种直觉的含义，是一种无须经过大量资料、信息分析的综合。

非线性思维应用在设计中是以多角度、多层面分析客户需求，思考空间问题，把握设计方向，学会用系统思维考虑问题。

第四层面是商业思维在设计中的应用。我们之前讲过，设计师应该做到用理性指导感性。设计归根到底还是服务类行业，是商业行为，所以只有设计思维显然是不够的，必须要有商业思维做前导和支撑。

对于以经济利益为最终指向的公司来说，商业的根本目的是用有限的资源创造最大的利润。利润可通过增加总收入和降低总成本来实现。总收入主要来自商业主体提供的产品和服务，而总成本则来自人力、运营、硬件和产品等。

设计师明确自己的成本和商业模式，我们设计的成本主要是学习、创意、知识积累等综合的时间成本，我们的商业模式是将时间高价卖出产生剩余价值。同时，要有产品思维，要把我们抽象的设计创意作为商品去进行"售卖"。只有如此才能脱离"艺术家"思维，避免把情怀作为设计的目的，偏离商业主线。

设计讲究灵感，但设计师的灵感说到底，并非在某个时刻的灵光乍现，而是经过正向积累思想收益，综合梳理当下信息分析出来的结果。灵感不是画家作画，可以靠感觉一蹴而就。设计师需要分析纷繁复杂的信息，在多种可能中，把握最优选项。

一个成功的设计公司，一定是在商业上取得的成功。一个成功的设计师，一定是一名成功的"商人"。

从设计中抽离出来
去换个客观的角度思考设计

真正的设计在设计之外，作为设计师，不应只盯着设计理论和设计作品不放，而要从设计中抽离出来，去换个客观的角度思考设计，用非设计眼光观察，用非设计思维感悟设计，摆脱思维定式，这样反而会做出更出彩的设计。

从多种艺术形式和自然法则中获得灵感和养分，提高设计修养、审美能力，从社会学心理学中获取话语权和沟通力，让内心变得更加强大，用理性思维支撑感性思维。这不仅仅是一个方法和技巧的问题，更是一个认知境界上的问题。

以上这正是在设计之外的那些东西，也是区别一个出色设计师和平庸设计师的关键因素之一。

第十六课

情怀到底有啥用?

无情怀不设计

无理性无支撑

同理心的内涵

如何增强同理心

——

情怀到底有啥用?

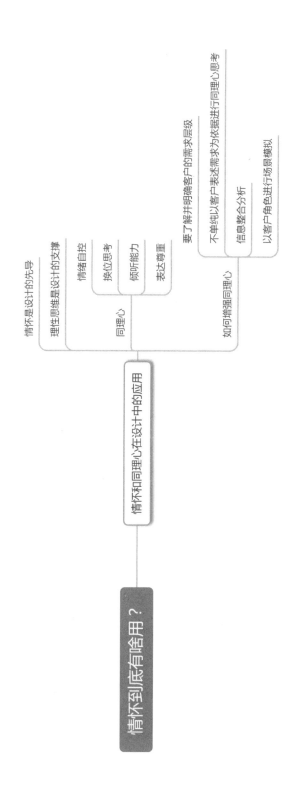

情怀是设计的先导

理性思维是设计的支撑

情绪自控

同理心 ── 换位思考
　　　　　倾听能力
　　　　　表达尊重

如何增强同理心

要了解并明确客户的需求层级

不单纯以客户表达需求为依据进行同理心思考
信息整合分析
以客户角色进行场景模拟

情怀和同理心在设计中的应用

情怀到底有啥用？

设计师的任务就是借助本身的直觉能力，
去发掘与构筑世界的新价值，
并予以视觉化。

这一课中我们聊一下情怀和同理心。

情怀是一个模糊的概念词，有具体指向的情怀才是明确的概念。情怀作为类概念是可以定义的，指的即是人的内心对某种事物的执着和追求。

情怀这个词儿在设计行业中出现的频率比较高，是因为情怀是设计师方案的情感出发点，立意的源头和初心，这些都是较为感性的思考方式，可以称之为情怀。另外对于设计行业本身而言，情怀似乎也是必不可少的，他代表了一种发自内心的热爱，是设计师在苦闷无聊的瓶颈期得以继续奋斗的驱动力。

我们之前一直在强调，设计应该"去艺术家思维""去感性思维"，是否也应该"去情怀化"呢？其实艺术家思维也好，感性思维也好，是必要存在的，只是应该有清醒的认知，即感性化思维的局限性和边界。

可以这样理解，情怀是设计的先导，理性思维是设计的支撑。我们首先要对项目有感觉、有情感，这种感觉才能传递给客户或者客户的客户。

记得在东方卫视《梦想改造家》栏目第七期中，有一位委托人 28 岁，叫作王伟，做到日企小主管，却尚未谈恋爱。母亲靠缝纫养活大了他和姐姐，

发现问题，
解决问题。

家里还有一位外婆。生活如今已经好转，
但是却仍需要一个新的转折点来为他们改
变现状，让生活焕发出新的色彩和希望。

妈妈外婆年纪都大了，妈妈多年操劳，腰
病缠身，外婆还到了肠癌晚期。居住地方
狭小，杂物太多，空间密闭，通风采光全
不具备，晾衣困难。王伟和妈妈睡一间房，姐姐和小宝宝来了，王伟就只
能在地上铺块木板睡。外婆的床边堆着妈妈做裁缝的机器和布料，儿子大
了，尚未结婚，妈妈想要为他将来的婚房进行考虑。对孩子的爱是妈妈身
上的盔甲，对母亲的爱是孩子心底最柔软的地方，有爱，才能成就家的梦
想。所以这种设计中，不是理性为先导，一定是感情为先导。我印象很深
的是设计师赖旭东老师在设计中，被家庭中的这种亲情所感动，眼含热泪，
发自内心地想用设计改变这家人的生活状态，这是情怀，是同理心。

最后完成的结果自然是非常出彩，空间得到充分利用，家里三代人都有了
生活的尊严，生活方式也通过设计得以改善。

通过这个案例能够折射出一个问题，设计师在做设计的过程中对于情怀把
握到位，用同理心做设计，是能够做出打动人的作品的。

同理心是什么呢？可以解释为"换位思考""感情移入""神入""共感""共情"。泛指心理换位、将心比心。设身处地地对他人的情绪和情感的认知性的觉知、把握与理解。主要体现在情绪自控、换位思考、倾听能力以及表达尊重等与情商相关的方面。

从心理学角度来讲，一个人要想真正了解别人，就要学会站在别人的角度来看问题，也就是人们在日常生活中经常提到的设身处地、将心比心的做法。心理学家发现，无论在人际交往中发现什么问题，只要你坚持设身处地、将心比心，尽量了解并重视他人的想法，就比较容易找到解决问题的方法。在设计师角度，同理心就是要把自己变成客户，感受客户在想什么、在做什么、喜欢什么和讨厌什么。

换位客户角色，体察客户状态，理解客户需求。这种同理心的成功案例在近几年设计中多有体现。

举个例子，书店钟书阁转型成功，被誉为"最美书店"，不但因为设计的美而成为网红打卡地，而且商业经营亦获得成功。究其原因，与同理心的成功应用密不可分。下面我们来做一下详细分解。钟书阁的出名，不仅在于装饰形式上的美和经营内容上的活，因为以美为标准，做的美的商业有很多，未必都能成功。以灵活来衡量，也不能完全概括其成功的因素。我认为钟书阁的成功更在其理念的创新，敢于突破常规，理解并表达了年轻群体的阅读诉求，这才是获得众多年轻读者青睐和市场成功的根本原因。

传统书店秉承了一贯的严肃和呆板感，让许多年轻客群望而却步，宁愿选择网购，更加节省时间。何况现在电子阅读已经成为主流，纸媒体出版业受到巨大冲击。而如果我们还是定义客户需求——去书店的目的是买书，并以此作为设计的出发点，那么设计出来的书店空间一定是这样的：以展

示图书为主，以清晰的分区和流畅的动线为主，其他造型、色彩等一定会被简化再简化，因为以"买书"为主要目的的客群并不会在其他视觉元素上做过多停留。这样的书店空间符合当下主流消费群体的"口味"吗?

以上这种思路在当下显然是错误的，错在没有与年轻客群产生同理心。用同理心思考，年轻群体他们的生活状态是什么样子? 他们喜欢什么? 他们需要什么样的书店? 把自己角色转变成"90后"，用同理心理解他们的表达，体验他们的状态，倾听他们的诉求，挖掘他们的需求。

或许年轻人需要的并不是"书店"，也并不一定"为买书而来"。那他们需要什么? 为何而来? 又有什么理由让他们驻足并停留呢? 如果用同理心去思考，就会发现，书店只是一个载体，现在的书店与20年前的书店已经大不相同，甚至从本质上发生了变化。之前的书店要求安静严肃，就是为买书而来，为丰富知识而去。

"90后"逐渐成为消费的主体和发声的主流，可以说得"90后"者得天下。这部分客群的成长伴随中国互联网浪潮兴起，可以说他们接收信息的方式和渠道与以往有很大不同。当然，他们对于某些传统业态的理解和诉求也不同。他们是孤独又热闹的一代，他们既安静又喧嚣。他们需要的不是一个卖书的店，也不是一个阅读的空间，甚至他们需要的不是一个空间，而是一段体验，一段能够符合他们审美和调性的体验。"90后"绝大多数是独生子女，因为成长伴随互联网的普及，他们的社交比重大多依赖于网络，内心有孤独的基因，既喜欢热闹又喜欢独处，甚至有点社交懒惰和社交恐惧，但他们无一例外，对于同频社交内心是有渴望的。

何为同频社交？有句话这样说，这个世界上，没有无缘无故消失的爱，没有毫无理由的离开。同频的人才能同行，不同频的人，只能渐行渐远。社交活动也是如此，跨阶层的社交不容易建立稳固的关系，而年轻人喜欢的圈子永远是和他们同频同类同属性的。

基于"90后"这种特质，经过同理心思考，设计师将首家钟书阁建成了殿堂式的穹顶飞檐，外形远望犹如一本打开的图书，内部环境更把上海小资情调和英伦绅士风范发挥到了极致，由获得过中国建筑学会青年建筑师奖的高级建筑师俞挺操刀设计。1500平方米被分隔成古典的九宫格、生机盎然的儿童馆、梦幻星空的万国馆等。"最美书屋陈列室"陈列了历年来评选出来的最美图书。在多元化体验上，钟书阁做了大胆的探索。为读者提供咖啡和茶的空间，在二楼专为年轻人和创意设计师打造的梦幻回廊，使其又打开了同频社交的窗口。

每年在钟书阁泰晤士店会举办几百场的沙龙聚会，在这里举办聚会或沙龙，钟书阁可以提供从前期策划到后期举办以及餐饮在内的"一条龙"服务,而全套服务费用为人均 100 元以内。

视觉方面,够美够炫也是年轻人必不可少的追求,"90后"大多是颜值控,被誉为"最美书店"的钟书阁,其每一家门店都拥有独特的设计亮点,赋予每个店面不同的性格。这样足够满足"90后"的"猎奇"心态。譬如:上海闵行店以"万花筒"为设计亮点;而杭州店以"森林系"为设计亮点;扬州店以"运河文化"为设计亮点,特意融入"桥梁"元素;而成都店则融入了"成都文化",在此处皆可看到熊猫、梯田、脸谱、宽窄巷子。这种有文化味道的美瞬间抓住了年轻人的眼球,自然成为每个城市的打卡地标。

除了钟书阁,类似的品牌如侘集·本屋、半山书局、言几又、看见造物等也做得风生水起。他们无一例外,都是以同理心理解目标客群的表达,体验他们的状态,倾听他们的诉求,挖掘他们的需求。

再举个跨界的例子,我们来聊聊喜茶。提到喜茶,大部分人都在网上听过它的大名,是著名的网红奶茶,不少人排队四五个小时,就为了喝上一杯奶茶。

如今喜茶已经开了800多家门店，其中广深两地的门面店，平均单店单月的营业额超过了100万元，目前这家从小小一杯奶茶发展起来的品牌估值高达160亿元。它是怎么做到的？

奶茶本来在大众印象中，是一种较为普通的饮品，和咖啡、茶等饮品段位不同，但这种饮料却深受年轻人的喜爱。

如何能将一杯普通的奶茶变成火遍大江南北的饮品呢？这里面同样有同理心的思考。年轻人需要有一种渠道获得他人的认同，而喜茶恰恰符合了这个社交标签。

喜茶重视口味，更重视品牌营销，团队通过换位思考年轻群体的喜好，打造出一个场景，就是这杯茶，不单是用来喝的，还是用来转发的。以此场景，喜茶推出了众多联名款主题奶茶，更加强化了社交属性。由于联名款的限量制造了一种稀缺性，买到的人会在朋友圈、微博等自媒体社交平台进行转发，这样，喜茶的社交标签凸显出来，与其他众多产品差异化也进一步拉开。上百人排队，3个排队区，现场黄牛或兜售排队或加价转卖现货，一杯30元的奶茶能卖到100元……

喜茶，成功成为年轻人的一种社交符号。无论店铺开到哪，你总是能看到长龙一般的队伍。这群年轻人宁愿等上几个小时，也要买到自己心仪的喜茶。这似乎是代表潮流和一种时尚的生活方式宣言。

可以说，喜茶是一家被茶饮"耽误"的"设计公司"。

产品和设计一样，也许最初创始于情怀，后来成功因为同理心。

同样是最近大火的泡泡玛特盲盒在港股上市，市值高达千亿元。很多人刚看到这个信息，十分吃惊，大呼搞不懂。

盲盒就是指消费者购买的时候并不知道里面是什么，只能买完拆开后才能一睹"芳容"。盲盒里面通常装的是动漫、影视作品的周边，或者设计师单独设计出来的玩偶。之所以叫盲

盒，是因为盒子上没有标注，只有打开才会知道自己抽到了什么。而这种不确定的刺激会加强重复决策，因此一时间盲盒成了让人上瘾的存在。就这点来看，这和买彩票颇为相像，都有赌运气的成分。

盲盒除了各种常规动漫人物和可爱娃娃，还有隐藏款和限量款，抽中隐藏的概率大约在 144 : 1。有人说这不是妥妥地交"智商税"吗？在大骂现时社会种种"智商税"的同时，实在应该先思考，这种商业模式契合了哪些消费心理。

盲盒之所以吸引年轻消费群体的关注，很大程度还是因为之前分析的，"90后""00后"群体他们的内在特质。而盲盒时尚性和内容物的不确定性恰恰符合了年轻群体的猎奇心态，玩盲盒，玩的就是这种不确定。虽然失望难免，但盲盒购买与拆开过程中的期待，抽到中意款式的惊喜，容易引发成瘾性的刺激。为此，很多人不惜消费成千上万元，也不惮于凌晨 5 点去商场排队。盲盒的魔力何在？一句概括就是，"不确定性"与"成瘾性"。这两个词儿恰好是"95后""00后"的弱点，这是经过同理心思考得出的结果。

当然除了不确定的刺激，形象设计也尤为重要，毕竟是在看脸的时代。盲盒内容物主要是动漫形象和潮物娃娃，娃娃里面有一个 Sonny Angel，他是一个头戴装饰物的天使男孩 IP，在日本有规模庞大的粉丝群。它的身体光溜溜，小肚子凸起，其设计理念是："虽然他不会说话，但会一直陪伴在你的身旁，保护你、温暖你、让你微笑。"博得了众多有孤独基因的年轻群体喜爱。而 Molly，是一个看起来高高噘着嘴，一脸不高兴的女孩。对很多人来说，这不是一种讨喜的形象，可它不仅是泡泡玛特最早经营的 IP，也是至今最成功的一款。原因就是这些潮物娃娃，都契合了目标客群的潜质，迎合了他们的诉求。无论是以泡泡玛特为代表的盲盒经济，还是钟书阁、喜茶、拉面说等品牌经营，实际都与年轻群体新消费心理分不开的，用情怀做产品打动客群，用同理心做营销产生契合。在这一潮流中很明显的两方面变化是：消费主体代际更迭，从理性需求到情绪需求升级。

消费主体从"60后""70后"转向"80后""90后"，进一步转向"00后"时代，成长环境变迁促使其消费观念发生转变。新兴消费群体普遍不存在温饱问题，不再特别计较一分钱一分货的物质性满足，而更注重精神需求与全方位的消费体验。更多消费行为，是以获取愉悦、减少负面情绪为目标。

增量消费来自令人开心的产品外观、品牌故事、内容等，以及助人解压的冲动消费过程本身。这部分隐形溢价，与过去人们所说的"智商税"具备一定的相似度。这正是盲盒玩家们"言行不一"的深层原因：他们更重视内心感受。所以一方面感觉盲盒定价偏高，另一方面也不会停止购买。

如果说盲盒消费是盲目的，那么这种盲目也是必然的。作为设计师，我们的客户主体同样从"60后""70后"转向"80后""90后"，我们也应该用这种产品思维去思考我们的设计，用同理心思考，把握迭代客群的消费心理，只要能抓住年轻客户情绪和感受，设计师也能获得"冲动消费"带来的红利，尽管我并不提倡这一点。

那如何能够做到增强对客户的同理心，并准确把握需求，做出客户需要的设计呢？首先，要了解并明确客户的需求层级。之前讲过多次马斯洛需求层次理论，再次回顾一下。马斯洛认为人的需求由生理需求、安全需求、社交需求、尊重需求、自我实现需求5个层次构成。

生理需求：也称层次最低的需求，如食物、水、空气、性欲和生存等。
安全需求：同样属于低层次的需求，其中包括对人身安全、生活稳定以及免遭痛苦、威胁或疾病等。
社交需求：属于中级层次的需求，如对友情、爱情、亲情以及隶属关系的需求。
尊重需求：属于较高层次的需求，如成就、名声、地位和晋升机会等。尊重需求既包括对成就或自我价值的个人感觉，也包括他人对自己的认可与尊重。

自我实现需求：最高层次的需求，包括基于外界对自我的强烈认同，人生理想境界获得的需求。因此前面 4 种需求都能满足，最高层次的需求方能相继产生，是一种衍生性需求，如自我实现、发挥潜能等。

第一，明确客户所处的需求层次，才能够准确把握客户的具体需求。对于私宅来讲，我们可以通过客户的房子面积、地段、预算等信息来进行判断，如果是刚需住宅，那么客户往往会处于需求的中低级别，即满足生理、安全和基础社交需求即可。而大平层、别墅客户往往更重视社交与尊重需求。先将客户的需求层级进行定位，用同理心换位思考，就能够更有效地把握客户需求，做出对的设计。

第二，不单纯以客户表述需求为依据进行同理心思考。乔布斯曾经说过，客户并不知道什么是他们真正需要的，我们只要把最好的给他们就可以了。客户也会受到专业知识的局限，不能准确表述需求。这时需要设计师进行模拟场景，而不是仅凭调研。

在这个个性多样化的时代，同理心也是需要讲套路的。仅凭着想象容易产生假相。很多时候只有发生了，我们才知道用户真正需要的是什么，所以我们要模拟、仿真、预设一个情境。前段时间参加设计周，跟一位大咖聊天，他谈到"我觉得最好的方式就是，想办法让自己变成客户"。客户是由各色各样具有不同特质的人构成，他们不但具有形形色色的标签，而且他们也是处于不停的变化状态中的。

第三，信息整合分析。将同理心步骤中搜集到的众多信息进行汇总处理，经过"重构""提炼""挖掘"，对设计目标进行更深入的定义，进一步明确客户的隐性需求，并能够用一句话概括出来。

第四，在方案呈现阶段，以客户角色进行场景模拟。验证同理心思考的结果是否准确，我们需要将经过感性与理性，综合分析后的结果通过方案的形式呈现出来，并以客户的角色心态进行场景模拟。反复体验客户的人体工学反应、心理感受、情绪表达等，通过这些反应，决定是否重新定义需求或者改进方案。

总结一下，情怀不能当饭吃，但情怀是最能打动人内心，容易引发共鸣的，设计作品中有感情，则能够引发共情。我们一直在讲，设计一定是理性支撑感性，没错，但这个感性思维并非可有可无，很多时候它就像清晨的雾气和草叶上的露珠，有了它才具备直指内心的力量。而同理心则是对情怀的具体化定义，能够更精准的表达受众的状态和需求。如果说情怀是艺术家的初心，那同理心一定是成熟设计师的标配。让我们发乎情怀，止于同理，进而做好设计。

后记
Afterword

不知不觉间，已完成 10 余万字的书稿，这是我人生中最长的一篇作文。2020 年 3 月，我们正经历新冠疫情，对于整个国家、行业和个人都是一场巨大的考验，小区封闭管理，学校停课，我在家带娃同时逼自己读书，写文章，做 PPT，录视频。

从某种意义上，要感谢这一段时间，让我重新安静下来，能有时间安静思考，梳理思维。

写作的过程，是把自己的多年知识沉淀重新整理的过程，其中有颠覆自己认知的部分，当然，在这个过程中有欣喜，有成就感，也有很多虐心的时间。设计思维属于"道"的范畴，是思维方式和设计观的建构，是解决问题的多种方式探讨。希望通过此书，能让刚入行的未来之星看清方向，让三五年的设计师斗志满满，让八年以上的"老设计"重燃激情。

不希望大家辛苦做设计，设计本来是有趣而生动的。不希望大家和这个职业"死磕"，我希望把设计师"教坏"，让大家有更漂亮、更聪明、更轻松的方法面对甲方，输出方案，快速进阶，直指成功。

感谢建 E 室内设计网、饰道、设计头条、设计得到、设计本、ART-U 等设计师平台的帮助和支持，感谢出版社杜秉旭老师的鼓励督促，感谢拜占庭设计学院全体，尤其是传利、姜望、思茹、江涛、晓滟、兆良等同学通力合作，同时感谢身边小朋友的陪伴和赞扬，我从小就是个爱听表扬的孩子，谢谢大家！

希望我们在设计道路上乘风破浪，云帆沧海！

刘照博

图书在版编目（CIP）数据

设计不是你以为：年轻设计师的思维必修课 / 刘照博
著 . — 沈阳：辽宁科学技术出版社，2021.6（2022.3 重印）
ISBN 978-7-5591-2006-9

Ⅰ．①设… Ⅱ．①刘… Ⅲ．①室内装饰设计 Ⅳ．
① TU238.2

中国版本图书馆 CIP 数据核字（2021）第 055919 号

出版发行：辽宁科学技术出版社
　　　　　（地址：沈阳市和平区十一纬路 25 号 邮编：110003）
印 刷 者：辽宁新华印务有限公司
经 销 者：各地新华书店
幅面尺寸：170mm×235mm
印　　张：23
插　　页：4
字　　数：250 千字
出版时间：2021 年 6 月第 1 版
印刷时间：2022 年 3 月第 2 次印刷
责任编辑：杜丙旭
封面设计：关木子
版式设计：关木子
责任校对：韩欣桐

书　　号：ISBN 978-7-5591-2006-9
定　　价：78.00 元

联系电话：024-23284360
邮购热线：024-23284502
http://www.lnkj.com.cn